普通高等学校教材

电路电子实验实训教程

主　编　盖勇刚　马永轩

副主编　张群芳　马　东

张利萍　高宏伟

东北大学出版社

·沈　阳·

图书在版编目（CIP）数据

电路电子实验实训教程 / 盖勇刚，马永轩主编. —沈阳：东北大学出版社，2022. 10
ISBN 978-7-5517-3162-1

Ⅰ. ①电…　Ⅱ. ①盖…　②马…　Ⅲ. ①电路－实验－高等学校－教材②电子技术－实验－高等学校－教材
Ⅳ. ①TM13-33②TN01-33

中国版本图书馆 CIP 数据核字(2022)第 192476 号

出 版 者：东北大学出版社
地址：沈阳市和平区文化路三号巷 11 号
邮编：110819
电话：024－83680176(总编室)　83687331(营销部)
传真：024－83680176(总编室)　83680180(营销部)
网址：http://www.neupress.com
E-mail: neuph@neupress.com
印 刷 者：辽宁一诺广告印务有限公司
发 行 者：东北大学出版社
幅面尺寸：185 mm×260 mm
印　　张：12.25
字　　数：314 千字
出版时间：2022 年 10 月第 1 版
印刷时间：2022 年 10 月第 1 次印刷
责任编辑：刘宗玉
责任校对：张德喜
封面设计：潘正一

ISBN 978-7-5517-3162-1　　定　价：34.50 元

前　言

电路电子实验实训是理工科电类专业的重要专业基础课程，是培养学生创新精神和工程素质人才的重要实践教学环节。通过实验实训，能使学生加深、巩固对电路与电子基础理论的理解；掌握常用电子仪器、仪表的使用方法；学会实验操作和基本分析测试技能；掌握小型电子产品的制作装配流程，培养学生分析、解决问题能力，工程实践能力，创新能力；为进一步的学习与实践奠定坚实的基础。

本书是编者在多年课程改革和实践教学的基础上编写的。它以应用型人才的培养为目标，以体现电路电子技术的新知识、新技术、新工艺、新产品的应用为主线，突出实验实训基本技能和应用能力的培养，使学生通过实际动手操作，掌握电路与电子的基本实验内容，掌握焊接技术、印制电路板的设计与制作、电子产品的装配与调试基本知识，以及正确使用和维护实验实训设备的能力。

本书力求简明，侧重实验方法、实训过程，突出工程实用性，学生只要认真阅读本书中的实验实训内容及方法，就能很好地独立完成实验实训项目，在实践动手的过程中，通过实践现象及数据的变化，加深对基础理论知识的理解和掌握，进一步增长知识、增加兴趣、增强技能，广开思路，达到能解决实际问题的目的。

本书既有经典的实验，又有反映最新技术的实验；既有验证型的实验，又有综合型、设计型实验实训项目，可对学生进行全面的实验技能和动手能力的训练。为适应电类专业的实践教学需要，本书还增加了自拟实验实训内容，学生可根据自己的爱好，选择相关实验实训项目。本书适用性强，可与各学校普遍使用的不同版本的理论教材配套使用。

本书由沈阳理工大学盖勇刚、马永轩担任主编，张群芳、马东、张利萍、高宏伟担任副主编，参加编写的还有蒋强、丁国华、吴东升、陈勇、董静雨、周帆等。本书在编写过程中，参考了有关电工技术、电子技术、电工与电子技术实验和实训等方面的资料、教材、杂志，同时得到了同行和兄弟院校同人的大力帮助与支持，在此谨向帮助与支持编写、出版本书的有关单位和同志以及有关资料、论文、教材的作者致以诚挚的谢意。

限于编者水平，加之时间仓促，本书中不妥之处在所难免，诚请读者批评指正。

编　者

2022 年 3 月

目 录

1 电路实验

1.1 电路元件伏安特性的测试

【实验目的】

① 熟悉实验室的布置，了解安全用电常识以及实验室的规章制度。

② 学习如何使用电路实验箱、直流稳压电源、直流电流表、数字万用表。

③ 学会识别常用电路元件的方法。

④ 掌握线性电阻元件伏安特性的逐点测试法。

【实验原理简介】

任何一个二端元件的特性可用该元件上的端电压 U 与通过该元件的电流 I 之间的函数关系 $I=f(U)$ 来表示，即用 $I-U$ 平面上的一条曲线来表征，这条曲线称为该元件的伏安特性曲线。

根据伏安特性的不同，电阻元件分为两大类：线性电阻和非线性电阻。线性电阻的伏安特性曲线是一条通过原点的直线，其斜率与该电阻的大小有关，与外加电源无关，$R=\tan\theta$，如图 1.1.1(a)所示。非线性电阻元件的伏安特性曲线是一条不通过原点的直线，其阻值 R 不是常数，即在不同的电压作用下，电阻值是不同的。

理想直流电压源的输出电压是个常数，与流过电源的电流大小没有关系，而理想电压源实际上是不存在的，实际中的电压源总是具有一定的内阻，它可以一个理想电压源 U_S 和电阻 R_S 串联的电路模型来表示，变化规律为 $U=U_S-RI$，其伏安特性曲线是一条斜线，如图 1.1.1(b)所示。

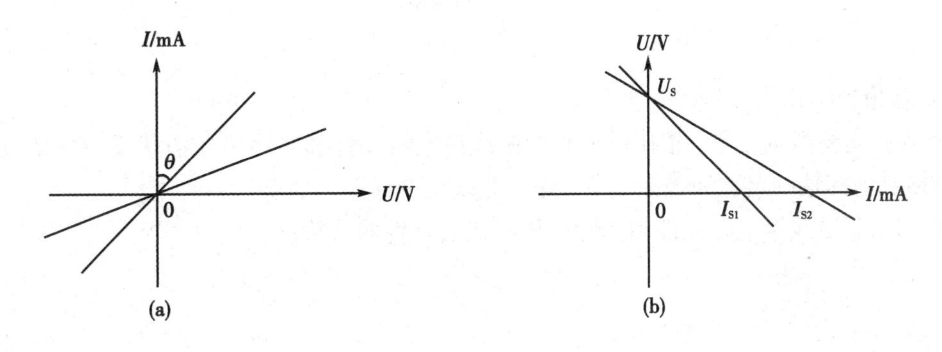

图 1.1.1　伏安特性曲线

【实验器材】

① 电路原理实验箱　　1个

② 数字万用表　　1个

【注意事项】

① 直流稳压源的输出端不能短路，否则将损坏直流稳压电源。红色插孔是正极输出端，黑色插孔是负极输出端，接好线路检查无误后方可开通电源。

② 用万用表测量直流电压时，要注意正、负极性(红表笔接参考方向的正极，黑表笔接参考方向的负极)。

③ 实验箱上数字直流电流表应串入电路中测量，而且电流应从表的正极流入负极流出。在开始测量前一定要选择合适量程，先计算一下待测电流的最大范围，量程一定要大于此值，小于此值表盘显示为“1”，此时选择更大量程。

④ 实验线路接好后，要认真检查，确定无误后，再接通电源，且在操作过程中，注意人身及设备的安全。

【实验内容及步骤】

① 按图1.1.2(a)接线，负载R_L分别接入1 kΩ和2 kΩ电阻，从0开始调节直流稳压电源的输出值U，观察电压表和电流表的读数，将结果填入预习报告的表1.1.1。(电流读数小数点后一位数需四舍五入保留)

② 按图1.1.2(b)接线，将ab端口分别开路(∞)、短路(0)及接510 Ω电阻时，观察电压表和电流表的读数，改变R_S值测两组数据，将结果填入预习报告的表1.1.2。(电流读数小数点后一位数需四舍五入保留)

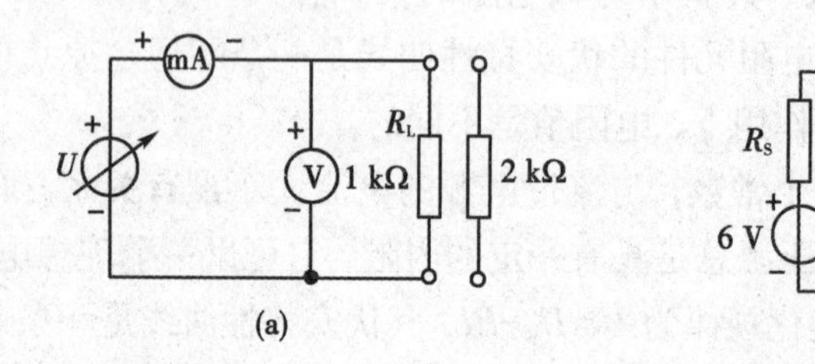

图1.1.2　实验电路

【实验报告结论要求】

① 根据实验数据结果，按比例分别绘制线性电阻元件和实际电压源伏安特性曲线(要求标清横纵坐标轴的名称和坐标单位，每个曲线至少标注三个点)。

② 归纳总结线性电阻元件和实际电压源伏安特性曲线特点。

预 习 报 告

班级学号：　　　　　姓名：　　　　　　　　　　日期：20　年　月　日

一、实验项目：电路元件伏安特性的测试

二、实验目的：

三、注意事项：

四、预习内容：（伏安特性曲线概念，原理概述，曲线特点及相关公式）

五、实验电路图：

六、实验数据：

表 1.1.1 线性电阻伏安特性的测量

电阻电压 U/V			0	2	4	6	8	10
理论计算值	电流 I /mA	$R_L = 1\ k\Omega$						
		$R_L = 2\ k\Omega$						
实际测量值	电流 I /mA	$R_L = 1\ k\Omega$						
		$R_L = 2\ k\Omega$						

表 1.1.2 实际电压源伏安特性的测量

R_S		1 kΩ			2 kΩ		
R_{ab}		短路(0)	510 Ω	开路(∞)	短路(0)	510 Ω	开路(∞)
理论计算值	U/V						
	I/mA						
实际测量值	U/V						
	I/mA						

1.2 基尔霍夫定律

【实验目的】

① 通过实验验证基尔霍夫电流定律和电压定律。

② 加深理解“节点电流代数和”及“回路电压代数和”的概念。

③ 掌握可调直流稳压电源和数字万用表的使用方法。

④ 加深对参考方向概念的理解。

⑤ 通过本次实验，能够快速、准确地读取所测量的参数值。

【实验原理简介】

基尔霍夫定律是集总电路的基本定律，包括电流定律(KCL)和电压定律(KVL)。基尔霍夫定律规定了电路中各支路电流之间和各支路电压之间必须服从的约束关系，无论电路元件是线性的或是非线性的，含源的、无源的，时变的或是非时变的，只要电路是集总参数电路，都必须服从这个约束关系。

(1)基尔霍夫电流定律(KCL)

在集总电路中，在任何一个时刻，对电路中的任何一个节点(两条以上支路的连接点)，所有支路电流的代数和恒等于0，即 $\Sigma I=0$。根据电荷守恒定律，流向节点的电流之和等于流出节点的电流之和。规定：流出节点的电流为正，流入节点的电流为负。KCL 反映了电流的连续性，它与电路中元件的性质无关。

(2)基尔霍夫电压定律(KVL)

在集总电路中，在任何一个时刻，按约定的参考方向，沿任一闭合回路，所有支路电压的代数和恒等于0，即 $\Sigma U=0$。回路的“绕行方向”是任意选定的，一般以虚线表示。规定：对于电压，与回路“绕行方向”相同时，取正号；与回路“绕行方向”相反时，取负号。KVL 说明了电路中各段电压的约束关系，它与电路中元件的性质无关。

基尔霍夫电压定律不仅应用于闭合回路，也可以把它推广应用于回路的部分电路。

电流、电压都有参考方向，规定参考方向就是分析计算电路时，人为规定的方向，如果电流、电压的参考方向一致，则为关联参考方向。测量直流电压时，应将直流电压表的正极与被测电压参考方向的正极相接、直流电压表的负极与被测电压参考方向的负极相接。若读数为正值，说明参考方向与实际方向一致；若读数为负值，说明参考方向与实际方向相反。测量直流电流时，应根据被测电流的参考方向，按照电流从直流电流表的正极流入电流表，从负极流出电流表的原则，将电流表串联在电路中。按照以上方法接入电流表后，若读数为正值，说明被测电流的参考方向与实际方向一致；若读数为负值，说明被测电流的参考方向与实际方向相反。

【实验器材】

① 电路原理实验箱　　1个

② 数字万用表　　1个

【注意事项】

① 防止电源两端导线短路，以毁坏电源。

② 所有需要测量的电压值，均以电压表测量的读数为准，电压源也需测量，不应取电源本身的显示值。

③ 测量电压、电流时，不但要读出数值，还要判断实际方向，并与设定的参考方向进行比较，如果不一致，说明实际方向与参考方向相反。

④ 实验线路接好后，要认真检查，确定无误后，再接通电源。

【实验内容及步骤】

① 按照图 1. 2. 1 连接电路，将 E_1连接+12 V 直流稳压电源，E_2连接 0~30 V 可调直流稳压电源，旋动旋钮使电源电压调至指定值。

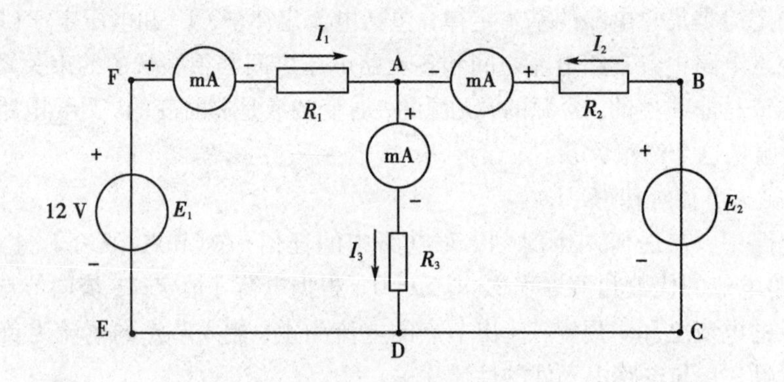

图 1. 2. 1 实验电路

② 将直流电流表按图 1. 2. 1 的参考方向接入电路，读取各电流数值，将各电流数值记录在预习报告的表 1. 2. 1 中，并验证节点 A 的 KCL 定律。

③ 在图 1. 2. 1 电路中，画出电压回路参考方向，用万用表的直流电压挡按表 1. 2. 2 中的要求测量电压，将测量结果记录在预习报告的表 1. 2. 2 中。

④ 写出三个回路的电压代数和公式，代入实际测量值，并验证三个回路的 KVL 定律，记录在预习报告的表 1. 2. 2 中。

【实验报告结论及要求】

① 根据所选的节点，标出电流的参考方向，写出基尔霍夫电流公式，代入数据并验证结果。

② 根据所选的电压回路，标出绕行方向，写出基尔霍夫电压公式，代入数据验证结果。

预习报告

班级学号：　　　　姓名：　　　　　　　　日期：20　年　月　日

一、实验项目：基尔霍夫定律

二、实验目的：

三、注意事项：

四、预习内容（原理概述及相关公式）：

五、实验电路图：（标出电流和电压的参考方向及电路参数）

六、实验数据：

表 1.2.1　基尔霍夫电流定律的测量　　单位：mA

电流		I_1	I_2	I_3	$\Sigma I=I_1+I_2-I_3$
理论计算值	自选参数：				
	自选参数：				
	自选参数：				
实际测算值	自选参数：				
	自选参数：				
	自选参数：				

表 1.2.2　基尔霍夫电压定律的测量　　单位：V

电压测量值	U_{FA}	U_{AB}	U_{BC}	U_{AD}	U_{FE}
理论计算值					
实际测量值					
回路一公式及验证					
回路二公式及验证					
回路三公式及验证					

已知参数：

第一组（$E_1=$　　$E_2=$　　$R_1=$　　$R_2=$　　$R_3=$　　）

第二组（$E_1=$　　$E_2=$　　$R_1=$　　$R_2=$　　$R_3=$　　）

第三组（$E_1=$　　$E_2=$　　$R_1=$　　$R_2=$　　$R_3=$　　）

1.3 自拟实验

【实验目的】

① 学习自拟实验方案，合理选用设备及元器件组成电路，提高学生独立思考、分析、解决问题的能力。

② 验证线性电路中叠加定理的正确性及其适用范围，加深对叠加定理的理解。

③ 掌握测量有源二端口网络等效参数的一般方法，验证戴维南定理的正确性。

④ 进一步掌握直流稳压电压源及数字万用表的使用方法。

【任务及要求】

① 自己设计电路验证叠加定理和戴维南定理。

② 叠加定理电路设计要求至少两个电压源(其中一个电压源为固定电源 12 V，另一个电压源在 5~12 V 之间选择)、三条支路、三个电阻。

③ 戴维南定理电路设计要求电源在 8~12 V 之间选择，且要求电路既简单又具说服力(注意：两个电压源的负极必须共点)。

④ 所需元器件必须在电路箱上选择，电阻要求大于或等于 510 Ω(建议选用 510 Ω、750 Ω、1 kΩ、2 kΩ、3 kΩ 等电阻)，不允许使用电流源。

⑤ 根据所给元器件绘制自己设计的电路图。

要求标注元器件参数、每个支路电流和电压的参考方向(叠加定理电路图必须画三个，一个是电源共同作用的电路图，另外两个是电源单独作用的电路图)。

⑥ 实验过程中，所测电流、电压必须实际测量，不得计算，电流要求用实验箱电流表测量，电压要求用万用表测量。

⑦ 原理叙述要求详细写明所验证定理定律的内容、原理及相关公式，公式所涉及的符号必须与电路图一致，实验步骤要简明清晰，数据表格要求统一完整。

⑧ 对于每个定理定律内容中的各项都要验证完整：

- 叠加定理中电流叠加、电压叠加各验证三组；
- 戴维南定理参照本节 1.3.2。

⑨ 结论：将所测数据分别代入相关公式，列出算式并计算出结果。然后根据计算结果得出实验结论(用语言论述)，并进行误差分析。

⑩ 误差分析：分析误差产生的主要原因或者是如何解决实验中遇到的问题的。

【实验器材】

① 电路原理实验箱　　1 个

② 数字万用表　　1 个

1.3.1 叠加定理的验证

【实验目的】

① 验证线性电路叠加定理的正确性，加深对线性电路叠加性的认识和理解。

② 加深对直流电路中参考方向和实际方向关系的理解。

③ 学习直流仪器仪表的测试方法。

【实验原理简介】

在线性电路中，任一电流（或电压）都是电路中各个独立电源单独作用时，在该处产生的电流（或电压）的叠加（代数和）。为了确定每个独立电源的作用，所有的其他电源必须“关闭”（置零）：不作用的电压源置零，在电压源处用短路代替；不作用的电流源置零，在电流源处用开路代替。叠加定理在电路分析中非常重要，它可以用来将任何电路转换为诺顿等效电路或戴维南等效电路。

【注意事项】

① 叠加定理适用于线性电路，不适用于非线性电路。

② 不作用的电压源置零时，一定把电压源从电路中撤走，在其断开处用导线连接，否则，造成电压源短路，烧坏电压源。

【实验内容及步骤】

① 按照图 1.3.1 连接电路，将 E_1连接+12 V 直流稳压电源，E_2连接 0~30 V 可调直流稳压电源，旋动旋钮使电源电压调至设定值，测量两个电压源同时作用时各支路电压和电流值，记录于表 1.3.1 中。

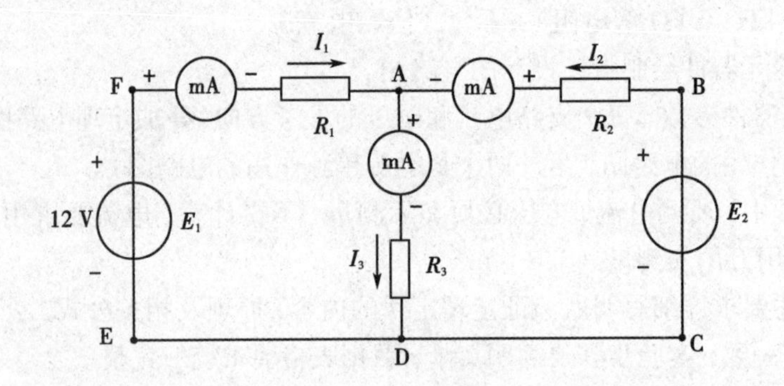

图 1.3.1　实验电路

② 将图 1.3.1 中的电源 E_2撤走，并用导线连接，测量 12 V 电源单独作用下的各支路电压和电流值，记录于表 1.3.1 中。

③ 将图 1.3.1 中的 12 V 电源撤走，并用导线连接，测量电源 E_2单独作用下的各支路电压和电流值，记录于表 1.3.1 中。

预 习 报 告

班级学号：　　　　　　姓名：　　　　　　　　　　　　日期：20　年　月　日

一、实验项目：叠加定理的验证

二、实验目的：

三、注意事项：

四、预习内容(原理概述及相关公式)：

五、实验电路图：（画三个图：E_1、E_2共同作用，E_1单独作用和E_2单独作用，同时标出电流和电压的参考方向及电路参数）

六、实验数据：

表 1.3.1　叠加定理的验证

	电压测量值/V			电流测量值/mA		
测量值	U_{FA}	U_{AB}	U_{AD}	I_1	I_2	I_3
E_1 电源单独作用（理论值）						
E_2 电源单独作用（理论值）						
两个电源同时作用（理论值）						
E_1 电源单独作用（测量值）						
E_2 电源单独作用（测量值）						
两个电源同时作用（测量值）						

1.3.2 戴维南定理的验证

【实验目的】

① 深刻理解和掌握戴维南定理，并验证戴维南定理的正确性。

② 掌握测量有源二端口网络等效参数的一般方法。

【实验原理简介】

(1)原理概述

一个不含独立电源、仅含线性电阻和受控源的一端口网络，其端口输入电压与端口输入电流成比例关系，这个比值就定义为该一端口的输入电阻或等效电阻，这一类端口可以用一个电阻等效置换，这类端口简称为“含源一端口”，这里“含源”是指含独立电源。

戴维南定理指出：一个含独立电源、线性电阻和受控源的一端口，对外电路来说，可以用一个电压源和电阻的串联组合等效置换，此电压源的激励电压等于一端口的开路电压 U_{OC}，电阻等于一端口内全部独立电源置零后的输入电阻 R_0。

U_{OC}和 R_0称为含源一端口网络的等效参数。

戴维南定理在多电源多回路的复杂直流电路分析中有重要应用。在单频交流系统中，此定理不仅只适用于电阻，也适用于广义的阻抗。

(2)含源一端口网络等效参数的测量方法

① 开路电压、短路电流法。将含源一端口网络输出端开路时，用电压表直接测其输出端的开路电压，然后将其输出端短路，用电流表测其短路电流，则内阻为 $R_0=U_{OC}/I_{SC}$。

② 直接测试法求 U_{OC}和 R_0。在含源一端口网络输出端开路时，用电压表直接测其输出端的开路电压 U_{OC}。然后将电源去掉，以短路线替代，用万用表电阻挡直接测量输出端口阻值，即为 R_0。

③ 半电压法。如图 1.3.2 所示，当负载电压为被测网络开路电压的一半时，负载电阻即为被测含源一端网络的等效内阻值。

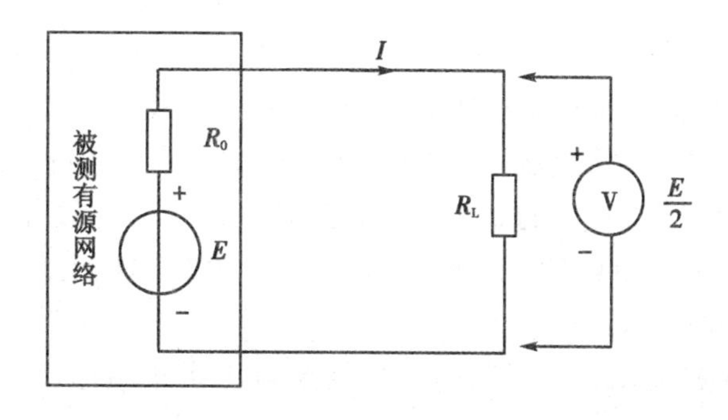

图 1.3.2 半电压法

【实验器材】

① 电路原理实验箱 1 个

② 数字万用表 1 个

【注意事项】

① 等效网络的 U_{OC}不是原网络的电压 U，需用直流稳压电源调节。

② 用电位器调 R_0时，必须独立调节电位器，调好后再接入电路。

③ 测量电阻时，绝对不允许带电和带线测试，注意万用表挡位和量程的选择。

④ 测量电压、电流时，原电路和等效电路所接负载电阻值必须一致，否则无法验证戴维南定理。

⑤ 用万用表测量电压和电阻时，注意挡位的转换，以防止用电阻挡测直流电压烧坏万用表。

【实验内容及步骤】

① 用开路电压、短路电流法测定戴维南等效电路的 U_{OC}和 R_0。按照图 1. 3. 3(a)接入稳压电源 U，不接入直流毫安表和负载 R_L，用万用表直接测量开路电压 U_{OC}，用直流毫安表直接测量短路电流 I_{SC}，计算出 R_0后将结果填入表 1. 3. 2 中。

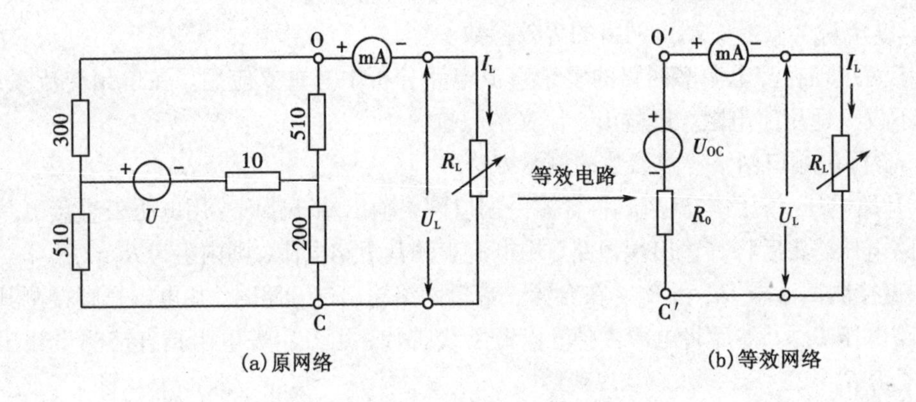

图 1. 3. 3　戴维南定理

② 原网络负载实验。按图 1. 3. 3(a)接线，依次接入负载 R_L，其阻值为 0 Ω、1 kΩ、2 kΩ、∞，测其通过负载 R_L的电流 I_L和 R_L两端的电压 U_L，将数据填入表 1. 3. 3 中。

③ 等效网络负载实验。将直流稳压电源调到表 1. 3. 3 所测得的开路电压 U_{OC}之值，将 1 kΩ 的电位器调至表 1. 3. 2 计算的 R_0值，然后按图 1. 3. 3(b)连接等效电路，再依次接入负载 R_L，其阻值为 0 Ω、1 kΩ、2 kΩ、∞，测其通过负载 R_L的电流 I_L和 R_L两端的电压 U_L，将数据填入表 1. 3. 4 中。

④ 比较表 1. 3. 3 和表 1. 3. 4 所测的数据结果得出实验结论，分析导致误差的主要原因。

预习报告

班级学号：　　　　　　　姓名：　　　　　　　　　　　　　　　日期：20　年　月　日

一、实验项目：戴维南定理的验证

二、实验目的：

三、注意事项：

四、预习内容（原理概述及相关公式）：

五、实验电路图：

六、实验数据：

表 1.3.2

	U_{OC}/V	I_{SC}/mA	$R_0(=U_{OC}/I_{SC})/\Omega$
理论计算值			
实际测量值			

表 1.3.3

R_L/Ω		0	1000	2000	∞
U_L/V	理论计算值				
	实际测量值				
$\dot{I}_L$/mA	理论计算值				
	实际测量值				

表 1.3.4

R_L/Ω		0	1000	2000	∞
U_L/V	理论计算值				
	实际测量值				
I_L/mA	理论计算值				
	实际测量值				

1.4 受控电源电路的研究

【实验目的】

① 了解由运算放大器构成的四种受控电源的特性。

② 掌握四种受控电源转移特性及负载特性的测量方法。

【实验原理简介】

受控源是一种非独立电源，这种电源的电流或电压是电路中其他部分的电流或电压的函数。根据控制量的不同，受控源可分为电压控制电压源(VCVS)、电流控制电压源(CCVS)、电压控制电流源(VCCS)和电流控制电流源(CCCS)。

电压控制电流源(VCCS)：输出电流只受输入电压控制，与负载电阻R_L的大小无关，其控制关系为：$i_2=gu_1$，g 为转移电导，量纲为电导的量纲；

电流控制电压源(CCVS)：输出电压只受输入电流控制，与负载电阻R_L的大小无关，其控制关系为：$u_2=ri_S$，r 为转移电阻，量纲为电阻的量纲；

电压控制电压源(VCVS)：输出电压只受输入电压控制，与负载电阻R_L的大小无关，其控制关系为：$u_2=\mu u_1$，μ 无量纲，称为电压放大系数；

电流控制电流源(CCCS)：输出电流只受输入电流控制，与负载电阻R_L的大小无关，其控制关系为：$i_L=\beta i_S$，β 为转移电流比，无量纲。

【实验器材】

① 电路原理实验箱　　1 台

② 数字万用表　　1 块

【注意事项】

① 因为不是理想受控源，所以受控电流源的 R_L 不能过大，受控电压源的 R_L不能太小。

② 运算放大器工作时正负 12 V 偏置电压电源及地不能忘接，而且绝对不能接反。

③ 电流控制电压源(CCVS)和电流控制电流源(CCCS)输入电流不能超过 1 mA。

【实验内容及步骤】

① 验证电压控制电流源(VCCS)：按图 1.4.1 连接电路，u_1 接可调电压源，R_L分别接 100 Ω 和 200 Ω 电阻。通过改变输入电压观察输出电流的变化，将结果记录在表 1.4.1 中。

② 验证电流控制电压源(CCVS)：按图 1.4.2 连接电路，输入为可调恒流源，串联实验箱上的直流毫安表测量其电流，输出电压用数字万用表直流电压挡测试。通过改变输入电流观察输出电压的变化，将结果记录在表 1.4.2 中。

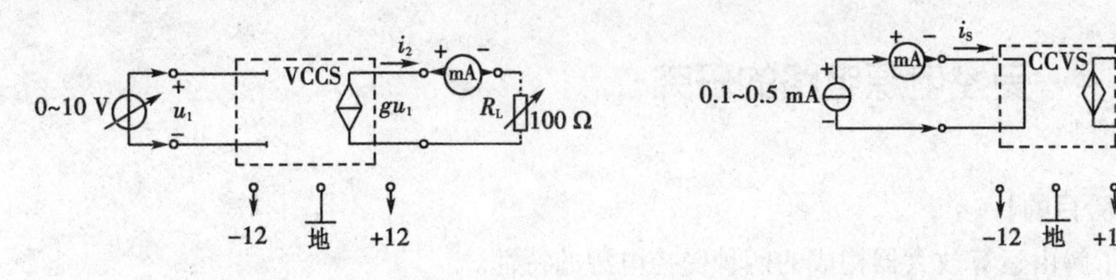

图 1.4.1　VCCS 接线图　　　　图 1.4.2　CCVS 接线图

③ 验证电压控制电压源(VCVS)：按图 1.4.3 连接电路，将实验箱上的(VCCS)和(CCVS)两受控源串联，u_1接可调电压，通过调节输入电压观察输出电压的变化(输出端开路)。计算转移电压比μ值，将结果记录在表 1.4.3 中。

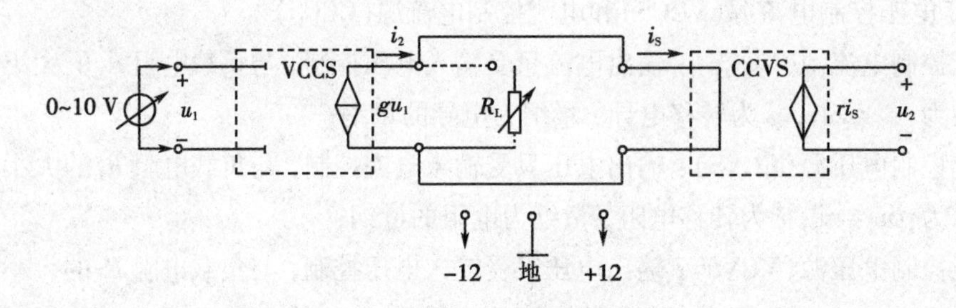

图 1.4.3　VCVS 接线图

④ 验证电流控制电流源(CCCS)：将实验箱上的(CCVS)和(VCCS)两受控源串联，如图 1.4.4 所示，输入端接恒流源，输出端串联接入电流表，并计算转移电流比β值，将结果填入表 1.4.4 中。

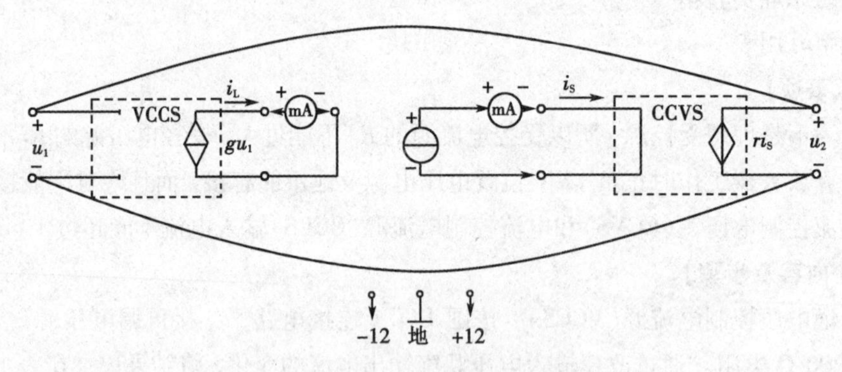

图 1.4.4　CCCS 接线图

【实验报告结论及要求】

① 写出受控源的概念、种类及输入输出的控制关系。

② 根据实验数据对实验结果进行分析，总结四种受控源的特点及控制关系。

③ 误差分析：分析产生误差的主要原因及解决办法。

预 习 报 告

班级学号：　　　　　姓名：　　　　　　　　　　日期：20　年　月　日

一、实验项目：受控电源电路的研究

二、实验目的：

三、注意事项：

四、预习内容(原理概述及相关公式)：

五、实验电路图：

六、实验数据：

表 1.4.1 VCCS 测量

$g=-0.1$ mS		$R_L=100\ \Omega$					$R_L=200\ \Omega$				
u_1/V		1	2	3	4	5	6	7	8	9	10
i_2/mA	理论										
	测量										
计算	g/mS										

表 1.4.2 CCVS 测量

$r=-20\ k\Omega$	i_S/mA		0.1	0.2	0.3	0.4	0.5
	u_2/V	理论					
		测量					
计算	r/kΩ						

表 1.4.3 VCVS 测量

$\mu=2$	u_1/V		1	2	2.5	3	4
	u_2/V	理论					
		测量					
计算	μ						

表 1.4.4 CCCS 测量

$\beta=2$	i_S/mA		0.1	0.2	0.3	0.4	0.5
	i_L/mA	理论					
		测量					
计算	β						

1.5 函数信号发生器与示波器的应用

【实验目的】

① 熟悉函数信号发生器与示波器各主要开关和旋钮的使用方法和功能。

② 掌握用示波器观察信号波形，学会利用示波器测量正弦信号、脉冲信号的波形参数。

【实验原理简介】

在基础电路中，应用广泛的典型电激励信号主要有：正弦交流信号、矩形波脉冲信号和方波信号三种。

正弦交流信号的波形如图 1.5.1 所示，其主要参数是幅值(峰峰值) $2U_m$ 和周期 T(或频率 f)；两列正弦波形如图 1.5.2 所示，ΔT 为两列波相位差，由于一个周期是 360°，因此根据一个周期在水平方向上的长度 L(DIV)，以及两个信号上对应点(A，B)之间的水平距离 D(DIV)，可得 $\Delta T=\dfrac{D}{L}\times 360°$，当 $\Delta T=0$ 时，两列波相位相同；矩形波脉冲信号波形如图 1.5.3 所示，其主要参数是幅值 U_m、周期 T 和脉冲宽度 Δ；方波信号波形如图 1.5.4 所示，其主要参数是幅值 U_m、周期 T 和脉冲宽度 Δ($\Delta=T/2$)。

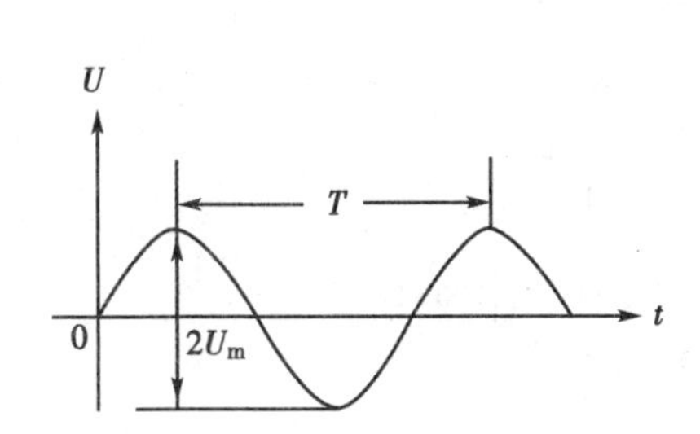

图 1.5.1 正弦波信号

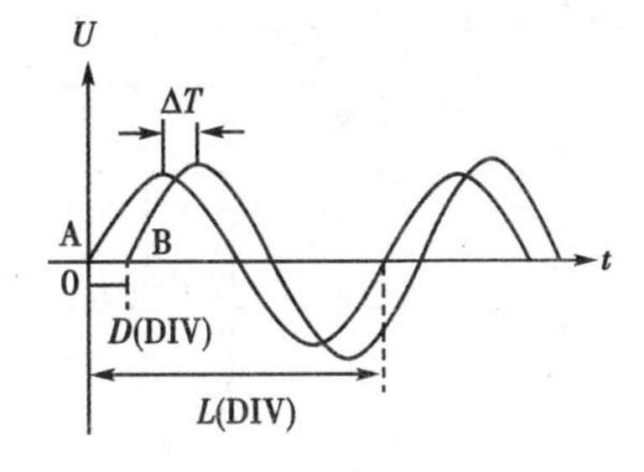

图 1.5.2 两列正弦波信号

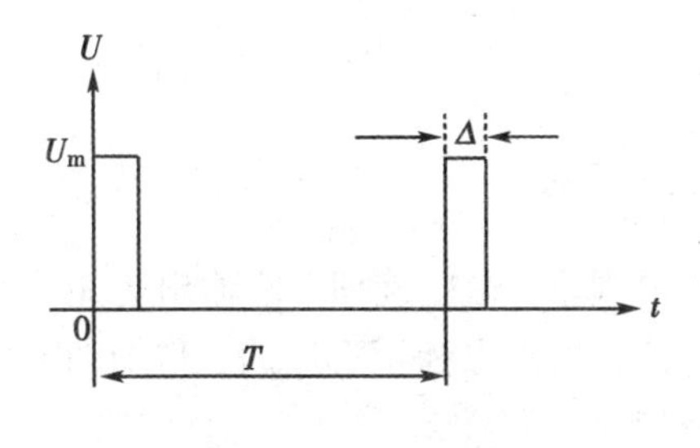

图 1.5.3 矩形波信号

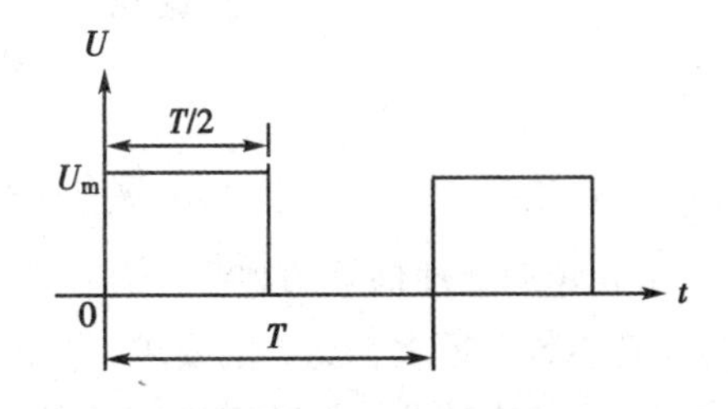

图 1.5.4 方波信号

实验时所用的典型电信号都可以由函数信号发生器提供，参见附录函数信号发生器使用说明；典型电信号的波形和参数可使用示波器观察和测量，参见附录示波器的使用说明。

【实验器材】

① 电路原理实验箱 1 台

② 数字示波器　　　　　　　　　　1 台

③ 功率函数信号发生器　　　　　　1 台

【注意事项】

① 正弦波幅值为峰峰值 $2U_m$，矩形波和方波幅值为 U_m。

② 用示波器进行定量测量时，注意 T/DIV 和 V/DIV 的参数与格数。

③ 为防止干扰，信号发生器和示波器应该共地。

【实验内容及步骤】

① 功率函数信号发生器：打开开关（POWER）→选择波形→调频（合理选择倍乘键，用 FREQUENCY 旋钮调频，直接在屏幕上读数）→调幅度（AMPL），幅度和脉宽用信号发生器调，通过示波器读数。

② 数字存储示波器：打开开关→初始化（SAVE+F2+AUTO SET）→开始测量（正确调解 TIME/DIV 和各通道 VOLTS/DIV）。

- 水平测量：水平测量长度（格数）×扫描时间（TIME/DIV）；
- 垂直测量：待测量高度（格数）×电压衰减（VOLTS/DIV）。

③ 正弦波信号的观测：调节函数信号发生器的频率、幅度旋钮，使输出正弦波信号的频率、幅度大小满足表 1.5.1 的要求，观测波形并记录。

④ 同频率正弦信号相位差的测量：按图 1.5.5 所示接线，测试输入输出正弦波信号的相位差，记录于表 1.5.2 中。

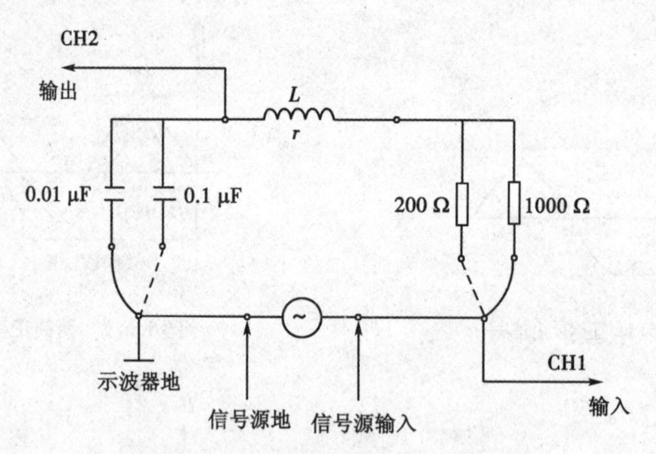

图 1.5.5　正弦波信号相位差测试

⑤ 矩形脉冲信号的观测：调节函数信号发生器的频率、幅度旋钮，使输出为矩形波信号，其参数满足表 1.5.3 的要求，进行调试和观测（注：当输出为矩形波时，将 DUTY 旋钮拉出，通过旋转此旋钮改变脉宽 Δ 值）。

⑥ 方波信号的观测：调节函数信号发生器的频率、幅度旋钮，使输出为方波信号（将 DUTY 旋钮按下），其参数满足表 1.5.3 的要求，进行调试和观测。

预习报告

班级学号：　　　　　姓名：　　　　　　　　　　日期：20　年　月　日

一、实验项目：函数信号发生器与示波器的应用

二、实验目的：

三、注意事项：

四、预习内容（函数信号发生器的使用步骤、功能和示波器的使用步骤和功能）：

五、实验电路图(含四种信号波形图):

六、实验数据:

表 1.5.1　正弦波信号

项目	500 Hz/3 V	1 kHz/5 V	10 kHz/8 V	自选频率/自选幅值
信号周期/μs				
示波器 T/DIV 示数				
一个周期占有的格数				
示波器 V/DIV 示数				
峰峰值的格数				

表 1.5.2　相位差的测量

参数	输入输出正弦波形相位差
$f=3$ kHz　$R=200\ \Omega$　$C=0.1\ \mu$F	
$f=9$ kHz　$R=1\ \mathrm{k}\Omega$　$C=0.01\ \mu$F	

表 1.5.3　矩形波信号和方波信号

项目	矩形波		方波	
	1 kHz/3 V	4 kHz/5 V	500 Hz/4 V	1 kHz/10 V
脉冲宽度 Δ/μs	250	60		
信号周期/μs				
示波器 T/DIV 示数				
一个周期占有的格数				
示波器 V/DIV 示数				
幅值的格数				

1.6 一阶电路响应的研究

【实验目的】

① 掌握数字示波器与功率函数信号发生器的使用方法，并对信号进行定量分析。

② 研究一阶电路的零输入响应、零状态响应（阶跃响应）的基本规律以及电路参数对响应的影响。

【实验原理简介】

RC 电路的基本规律：如图 1.6.1(a)所示，当电容初始状态为零时，闭合开关 S 到 1 位置，电源给电容充电直至稳态，电路完成零状态响应。如果开关置“1”瞬间给电容一个初始值 $U_C(0)$后，快速将开关 S 扳到 2 的位置，则电容开始放电，如果放电时间足够长，则完成零输入响应；如果用信号源替代电源和开关，如图 1.6.1(b)所示，合理选择信号源的输入波形和参数，在示波器上就可以观察到零输入响应波形（或零状态响应波形）。

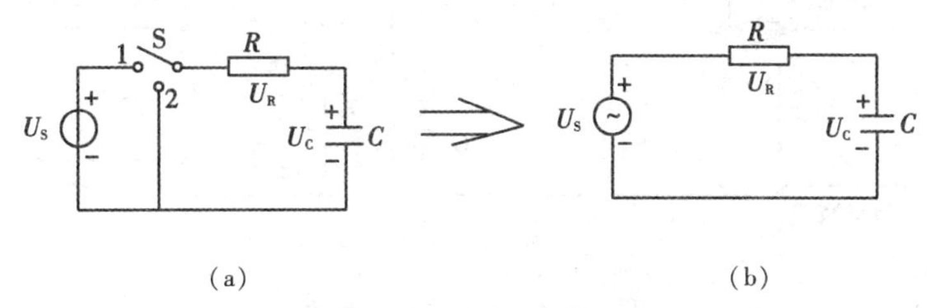

图 1.6.1 RC 电路

① 零输入响应：动态电路在没有外施激励时，由电路中动态元件的初始储能引起的响应。当输入波形为矩形波时，脉宽 Δ<<稳态时间，$(T-\Delta)$>稳态时间，在示波器上可观察完整的零输入响应，如图 1.6.2(a)所示，$U_C(0)=U_S(1-e^{-\frac{\Delta}{RC}})$，稳态时间=$(3\sim5)\tau$，$\tau=RC$。

② 零状态响应：在零初始状态下（动态储能元件初始储能为零），由外施激励引起的响应。当输入波形为方波时，脉宽 Δ>稳态时间，在示波器上就可以观察到完整的零状态响应，如图 1.6.2(b)，$U_C(\infty)=U_S(1-e^{-\frac{\infty}{RC}})=U_m$，稳态时间=$(3\sim5)\tau$，$\tau=RC$。

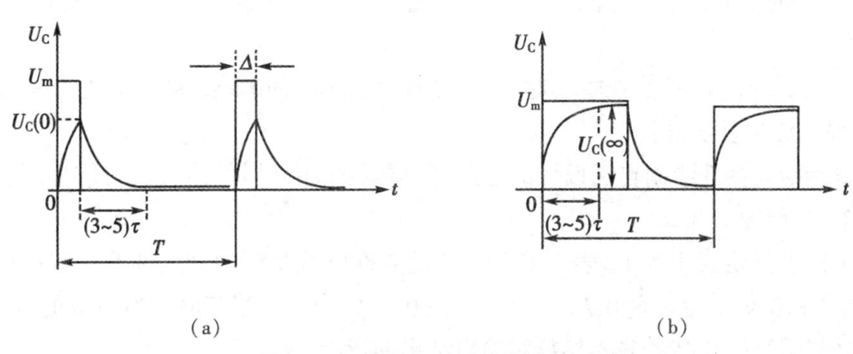

图 1.6.2 零输入响应和零状态响应

【实验器材】

① 电路原理实验箱　　1个

② 数字示波器　　1个

③ 功率函数信号发生器　　1个

【注意事项】

① 调节仪器旋钮时，宜缓慢均匀用力，不要用力过猛。

② 定量测量时，确认被测信号所在通道。

③ 为防止干扰，信号发生器和示波器应该共地。

【实验内容及步骤】

按图 1.6.3 所示用开关的通断自主选择 R、C 元件，构成 RC 一阶响应电路，然后按以下步骤进行测试。

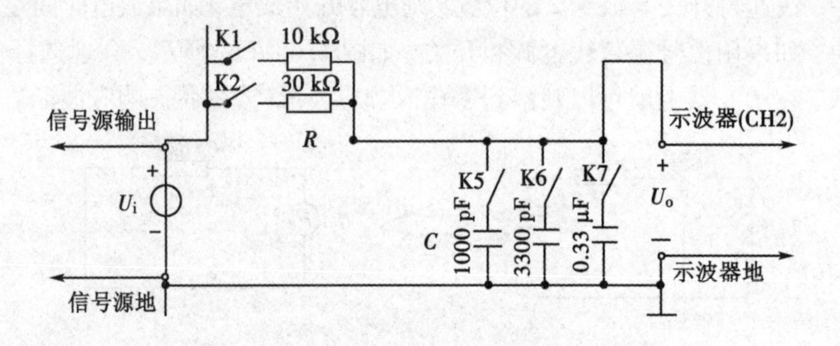

图 1.6.3　一阶电路接线图

(1)零输入响应的测试

信号发生器选择矩形波输出(DUTY 拉出)，并调节 f, Δ, U_m值，在电路箱上正确选择 R、C，记录输入输出波形，并用示波器测量 $U_C(0)$和稳态时间，将结果填入表 1.6.1，并与计算值进行比较。

分别改变 Δ, U_m, R, C 值观察其对 $U_C(0)$和稳态时间的影响，将结果填入表 1.6.2。

(2)零状态响应的测试

信号发生器选择方波输出(DUTY 按下)，并调节 f、U_m值，在电路箱上正确选择 R、C，记录输入输出波形，并用示波器测量 $U_C(\infty)$和稳态时间，将结果填入表 1.6.3，并与计算值进行比较。

分别改变 f、U_m、R、C 值观察其对 $U_C(\infty)$和稳态时间的影响，将结果填入表 1.6.4。

【实验报告结论及要求】

① 根据所给元器件绘制自己设计的电路图：要求标注元器件参数及与信号源、示波器的连接方向，参照图 1.6.3。

② 用坐标系描绘表 1.6.1、表 1.6.3 中各组数据所观察到的输入和响应波形；要求写出横纵轴名称和坐标单位，标出 T、Δ、U_m、$U_C(0)$、$U_C(\infty)$、稳态时间所对应的坐标值。

③ 根据测试结果总结各输入参数对输出结果的影响。

预 习 报 告

班级学号：　　　　　姓名：　　　　　　　　　　日期：20　年　月　日

一、实验项目：一阶电路响应的研究

二、实验目的：

三、注意事项：

四、预习内容(原理概述及相关公式)：

五、实验电路图：

六、实验数据：

表 1.6.1　零输入响应的测量

频率		脉宽 Δ	U_m	R	C	$U_C(0)$/V		稳态时间/μs	
f/kHz	T/μs	μs	V	kΩ	pF	测量值	计算值	测量值	计算值

表 1.6.2

	$\Delta\uparrow$	$U_m\uparrow$	$R\uparrow$	$C\uparrow$
$U_C(0)$				
稳态时间				

表 1.6.3　零状态响应的测量

频率		U_m	R	C	$U_C(\infty)$/V		稳态时间/μs	
f/kHz	T/μs	V	kΩ	pF	测量值	计算值	测量值	计算值

表 1.6.4

	$f\uparrow$	$U_m\uparrow$	$R\uparrow$	$C\uparrow$
$U_C(\infty)$				
稳态时间				

1.7 串联谐振电路的研究

【实验目的】

① 进一步掌握数字示波器 GDS800 与功率函数信号发生器 GFG—8216A 的使用方法。

② 研究交流电路中串联谐振的现象及特征。

③ 学习用实验方法测试 RLC 串联谐振电路的幅频特性曲线。

【实验原理简介】

(1)串联谐振的频率

如图 1.7.1 所示，由于 RLC 串联电路中的感抗和容抗相互抵消作用，所以，当 $\omega=\omega_0$时出现 $X(j\omega_0)=0$ 的情况。这时端口上的电压与电流同相，工程上将电路的这种工作状况称为谐振，此时的频率为谐振频率(又称电路的固有频率)，它与 R 无关。

因为 $Z(j\omega)=R+j\left(\omega L-\dfrac{1}{\omega C}\right)$，谐振时，$\omega L-\dfrac{1}{\omega C}=0$，所以，谐振角频率

$$\omega_0=\frac{1}{\sqrt{LC}}$$

即谐振频率

$$f_0=\frac{1}{2\pi\sqrt{LC}}$$

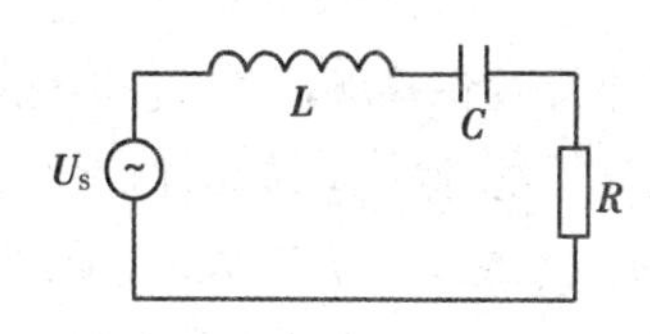

图 1.7.1 RLC 电路

(2)串联谐振的一些特征

① 电路谐振时阻抗 Z 最小，且为纯电阻性，即 $Z=R$。

② 电路谐振时电压与电流同相位，且电流有效值和 U_R达到最大，即 $I_0=U_R/R$ 。

③ 串联谐振时的品质因数：$Q=\dfrac{U_L(j\omega_0)}{U_S}=\dfrac{U_C(j\omega_0)}{U_S}=\dfrac{\omega_0 L}{R}=\dfrac{1}{\omega_0 CR}=\dfrac{1}{R}\sqrt{\dfrac{L}{C}}$。

④ 当 L、C 保持不变时，电流的幅频特性如图 1.7.2 所示，其通用曲线如图 1.7.3 所示。

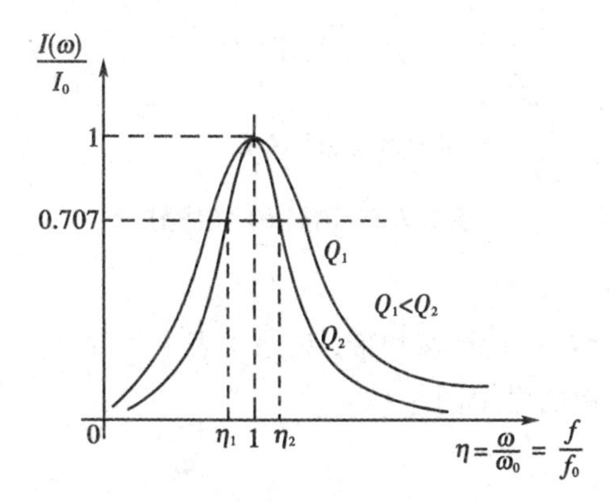

图 1.7.2 电流的幅频特性

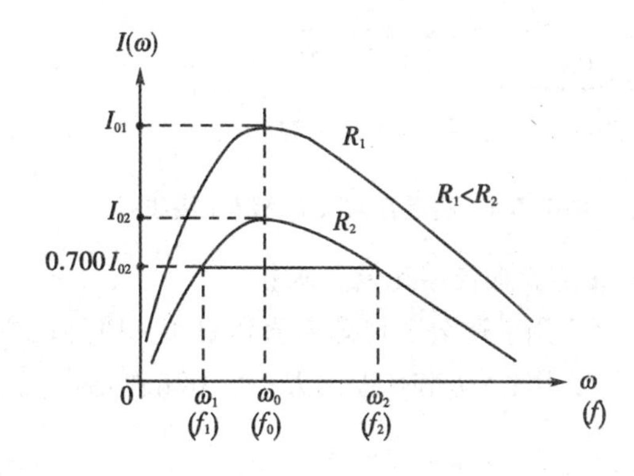

图 1.7.3 通用曲线

⑤ 当幅度下降至谐振时的 0.707 倍时所对应的频率范围称相对通频带。即

$$B=\eta_2-\eta_1=1/Q \qquad \omega_2-\omega_1=\omega_0/Q \qquad \Delta f=f_0/Q$$

【实验器材】

① 电路原理实验箱　　　　　　　1 台

② 数字示波器　　　　　　　　　1 台

③ 功率函数信号发生器　　　　　1 台

【注意事项】

① 由于电感的内阻存在，谐振时电路的阻抗 $Z=R+r$（电感内阻），所以实际谐振时所测的 U_R 值小于 U_S 值，计算时应注意。

② 测 U_C（此时 U_C 与 U_R 存在 90° 相位差）大小时，应保持谐振频率不变。

③ 每次改变信号源频率后，要观察 U_S 值是否有变化，如有变化必须调到给定值。

【实验内容及步骤】

正确选择 R、C 值，按图 1.7.4 接好线路，将信号发生器波形选择为正弦波，输入信号峰峰值调至给定的 U_S 大小。

① 改变输入信号频率，当示波器 CH1 和 CH2 两通道波形相位变为一致时，记录此频率即为谐振频率 f_0；校准输入信号 U_S 峰峰值，测量 U_R 的大小，结果填入表 1.7.1 中。

② 保持 U_S 峰峰值不变，将 f_0 向小调，U_R 峰峰值变为谐振状态的 0.707 倍时，记录频率 f_1；反之，将 f_0 向大调，U_R 峰峰值变为谐振状态的 0.707 倍时，记录频率 f_2。

注意：读取 f_1 和 f_2 时必须同时满足 U_S 是给定值，U_R 又等于谐振时的 0.707 倍。

③ 将线路按图 1.7.5 改接，信号发生器频率调至 f_0，U_S 调至给定值，测 U_C 大小，结果填入表 1.7.1 中（此时 U_C 和 U_S 存在 90° 相位差，直接测量即可）。

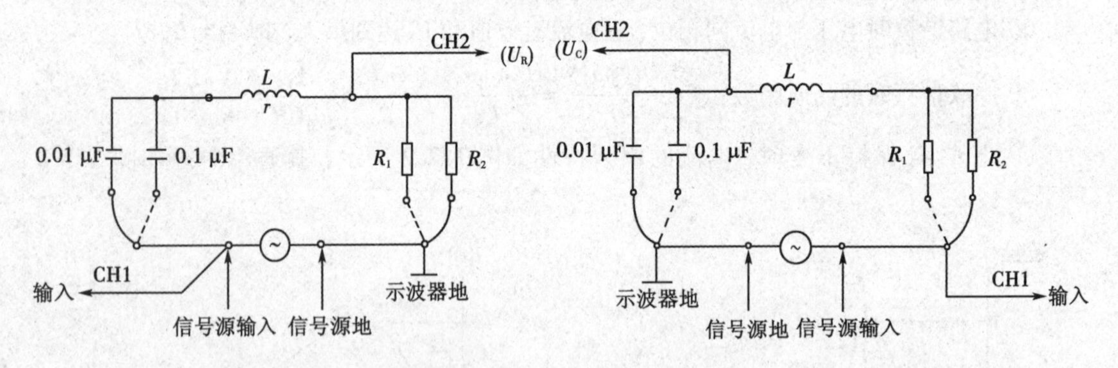

图 1.7.4　测量 f_0、f_1、f_2 和 U_R 接线图　　　图 1.7.5　测量 U_C 接线图

【实验报告结论及要求】

① 用上述公式计算 I_0 值和 Q 值，用公式 $\Delta f=f_2-f_1$ 计算通频带，记录于表 1.7.1 中。

② 用 f_0、f_1 和 f_2 以及 I_0、$0.707I_0$ 画出电流幅频特性草图。

预习报告

班级学号：　　　　姓名：　　　　　　　　　日期：20　年　月　日

一、实验项目：串联谐振电路的研究

二、实验目的：

三、注意事项：

四、预习内容(串联谐振的概念、公式及特征)：

五、实验电路图：

六、实验数据：

表 1.7.1　串联谐振的测量

已知参数			测量参数					计算参数		
			谐振状态			$U_R=0.707U_R$				
U_S/V	R/Ω	C/μF	f_0/kHz	U_R/V	U_C/V	f_1/kHz	f_2/kHz	Δf/kHz	Q	I_0/mA

2　模拟电子技术实验

2.1　常用仪器的使用及二、三极管测试

【实验目的】

① 熟悉电子元器件和模拟电路实验箱的使用方法。

② 掌握示波器、信号发生器和数字万用表的使用方法。

③ 学习利用万用表测试二、三极管的管脚及判别型号。

【实验原理简介】

(1)数字万用表

数字万用表是一种多用途、多量程的电工仪表，它可以用来测量直流电流、直流电压、直流电阻(有的万用表还可以测量交流电流、晶体管电流放大系数和电容)等。由于它的测量范围广、使用方便，所以在电子线路的安装、调试及检修工作中，得到广泛的应用。本实验使用的是数字万用表 FLUKE15B，其使用方法见附 1.1 节中的内容。

(2)数字示波器

数字存储示波器是一种用途十分广泛的电子测量仪器，它将采集到的模拟电压信号转换为数字信号，由内部微机进行分析、处理、存储、显示或打印等操作。这类示波器通常具有程控和遥控能力，通过 GPIB 接口还可以将数据传输到计算机等外部设备进行分析处理。本次实验我们采用 GDS-1102B 型数字存储示波器，具体使用方法见附 1.2 节中的内容。

(3)信号发生器

函数信号发生器是一种信号发生装置，能产生某些特定的周期性时间函数波形(正弦波、方波、三角波、锯齿波和脉冲波等)信号，频率范围可从几个微赫到几十兆赫。除供通信、仪表和自动控制系统测试用外，还广泛用于其他非电测量领域。本次实验我们使用 MFG-2120MA 型信号发生器，其具体使用方法详见附 1.3 节中的内容。

(4)二极管的认识及鉴别

利用数字万用表的二极管测试挡可以对二极管进行检测。我们知道，二极管具有单向导电性，硅管的正向压降为 0.7 V 左右，锗管的正向压降为 0.3 V 左右。具体操作方法如下：将红表笔插入万用表的“V、Ω”插孔，与表内电池的正极相连带正电；黑表笔插入万用表的“COM”插孔，与表内电池的负极相连带负电。把被测二极管的两个电极分别与万用表的红、黑表笔相接触，如果数字万用表的液晶显示数字大于 0 而小于 1，说明二极管处于正向导通状态，红表笔所接即为二极管的正极，黑表笔所接为负极。同时，从显示的数

值就可以鉴别二极管的类型：若显示数值为 0.7 左右，为硅管；若显示数值为 0.3 左右，则为锗管。

(5)三极管的认识及鉴别

三极管鉴别流程：首先，确定基极 B；其次，判断三极管型号(NPN 或 PNP)；最后，判定三极管的集电极 C 和发射极 E。

由于晶体三极管可以看成由两个 PN 结串联而成的三端器件，因此可以利用数字万用表的二极管挡对其检测。具体操作方法如下：首先假设被测三极管的某个管脚为基极 B，再将万用表的红表笔与之相接触，然后用黑表笔分别与其他两个管脚相接触，如果两次测量显示都导通，则所假设的基极就是真正的基极，并且可以判定此三极管为 NPN 型，两次测量结果中，数值偏大时黑表笔所连接的管脚为发射极。同理，首先假设被测三极管的某个管脚为基极 B，再将万用表的黑表笔与之相接触，然后用红表笔分别与其他两个管脚相接触，如果两次测量显示都导通，则所假设的基极就是真正的基极，并且可以判定此三极管为 PNP 型，两次测量结果中，数值偏大时红表笔所连接的管脚为发射极。

【实验器材】

① 数字万用表　　1 块
② 函数信号发生器　　1 台
③ 数字示波器　　1 台
④ 二、三极管　　若干

【注意事项】

① 函数信号发生器的输出端严禁短路，否则将损坏信号发生器。

② 使用示波器观察波形时，禁止将示波器输入端在内部及外部接地。

③ 用万用表测量二、三极管时，要注意表笔正、负极性。

④ 实验线路接好后，要认真检查，确定无误后，再接通电源，且在操作过程中，注意人身及设备的安全。

【实验内容及步骤】

① 调节函数信号发生器，使之输出正弦波信号频率和电压分别为表 2.1.1 中的数据，具体操作流程：首先在函数信号发生器上选择输出通道、波形、输入频率数值和电压幅度数值，然后选择负载类型，最后可以利用数字万用表的交流电压挡来检测。

② 将调节好的正弦波信号输入到数字示波器的 CH1 或 CH2 通道，调节示波器有关控制按键和旋钮，在显示屏上显示出清晰稳定、大小适中的正弦波波形。

③ 用函数信号发生器给定信号，利用数字示波器观察并测量信号的相关参数。并将测量结果记录在预习报告的表 2.1.1 中。(峰峰值=有效值$\times 2\sqrt{2}$)

④ 利用数字万用表实现二、三极管测试并记录在预习报告的表 2.1.2 中。

【思考题】

① 利用数字万用表如何鉴别三极管?

② 数字示波器是否能测量正弦波的有效值?

预 习 报 告

班级学号：　　　　　　姓名：　　　　　　　　　　日期：20　年　月　日

一、实验项目：常用仪器的使用及二、三极管测试

二、实验目的：

① 熟悉________和________的使用方法。

② 掌握________、________和________的使用方法。

③ 学习利用万用表测试________的管脚及判别________。

三、注意事项：

____

____

____

____

____

四、预习内容(原理概述)：

数字存储示波器是一种用途十分广泛的________仪器，它将采集到的________信号转换为________信号，由内部微机进行________等操作。

函数信号发生器是一种________装置，能产生某些特定的________(正弦波、方波、三角波、锯齿波和脉冲波等)信号。

二极管具有________性。

三极管鉴别流程：首先，________；其次，判断________；最后，判定三极管的________和________。

五、实验电路图：

六、实验数据：

表 2.1.1　正弦波的观察与测量

给定信号	示波器观察、测量		
	波形图	峰峰值/V	有效值/V
$f_1=1000$ Hz $U_1=0.5$ V			
$f_2=1000$ Hz $U_2=1$ V			

表 2.1.2　二、三极管的测量

电压测量/V							
型号	类型	正向电压			反向电压		
二极管 2AP9							
二极管 4007							
	类型	U_{BC}	U_{BE}	U_{CE}	U_{CB}	U_{EB}	U_{EC}
三极管 9012							
三极管 9013							

2.2 单级放大电路的研究

【实验目的】

① 掌握基本放大电路静态工作点的调试方法。

② 研究静态工作点对放大电路性能的影响。

③ 掌握放大电路电压放大倍数的测量方法。

【实验原理简介】

(1)单级共射放大电路

放大电路是模拟电子电路中最常用、最基本的一种典型电路。单级放大电路是构成各种复杂放大电路的基础。仅由一个 NPN 三极管组成的放大电路，电路中三极管作为放大元件，而且，输入回路和输出回路的公共端是三极管的发射极，故称为单级共射放大电路。

(2)放大电路的基本构成及各器件的作用

共射极放大电路如图 2.2.1 所示，是用来放大交流信号的最简单的放大电路。该电路由晶体管 V，直流电源 U_{CC}，集电极负载电阻 R_C，基极偏置电阻 R_P、R_{b1}、R_{b2}，耦合电容 C_1、C_2构成。它们在电路中的基本作用及其参数选取范围如下。

① 晶体管 V(NPN 三极管)。它是放大电路中的核心器件，利用它的电流放大作用，在集电极电路得到放大了的电流，这个电流受到输入信号的控制。

② 直流电源 U_{CC}。为放大电路提供能量，电源 U_{CC}电压一般选取为几伏到几十伏。

③ 集电极负载电阻 R_C。电阻的主要作用是将输入电流的变化转换为输出电压的变化，实现电压的放大，一般电阻 R_C选择范围为几千欧到几十千欧。

④ 基极偏置电阻 R_P。它的主要作用是为电路提供大小适当的基极电流 I_b，使放大电路获得合适的静态工作点，基极偏置电阻 R_P 参数通常选择几百千欧到几兆欧，而分压电阻 R_{b1}、R_{b2}通常选择为几十千欧到几百千欧。

⑤ 耦合电容 C_1、C_2。它们的主要作用是隔离直流，具体是隔离信号源端与放大电路端以及放大电路端与输出端之间的直流通路，另外电容还具有耦合交流的作用，保证交流信号可以很畅通地通过放大电路。电容一般选择电解电容，通常为几微法到几十微法，另外连接时要注意电解电容的正负极，不能接反。

(3)放大电路静态工作点调试原理

在放大电路中，基极电流 I_b的大小不同，静态工作点在负载线上的位置就不同，改变电流 I_b的大小就可以使电路获得一个相对应的静态工作点，调节电路中基极偏置电阻 R_P，可以改变基极偏置电流，但是如果基极电流 I_b过小，会使输出波形出现截止失真，如果基极电流 I_b过大，也会使输出波形出现饱和失真。只有调节合适，才能使三极管处于比较合适的静态工作点。值得注意的是，即使电路的静态工作点调节合适，但如果信号发生器的输入交流信号过大，也会出现既饱和又截止的失真波形。

【实验器材】

① 模拟电路实验箱　　1 台

② 函数信号发生器　　　　　　　　　1 台

③ 数字示波器　　　　　　　　　　　1 台

④ 数字万用表　　　　　　　　　　　1 块

【注意事项】

① 函数信号发生器的输出端严禁短路，否则将损坏信号发生器。

② 电源输出严禁短接，注意电源正负极，本实验选择电源电压为 12 V。

③ 使用示波器观察波形时，禁止将示波器输入端在内部及外部接地。

④ 实验线路接好后，要认真仔细检查，确定无误后，再接通电源。

【实验内容及步骤】

(1)电路静态工作点调试

① 用数字万用表判断实验箱上三极管 V 的极性和好坏，电解电容 C 的极性和好坏。

② 按图 2.2.1 所示，连接电路(注意：接线前先测量+12 V 电源，关断电源后再连线)，首先将 R_P的阻值调到最大位置。调整 R_P使 U_E=2.2 V，测量并计算填表 2.2.1。

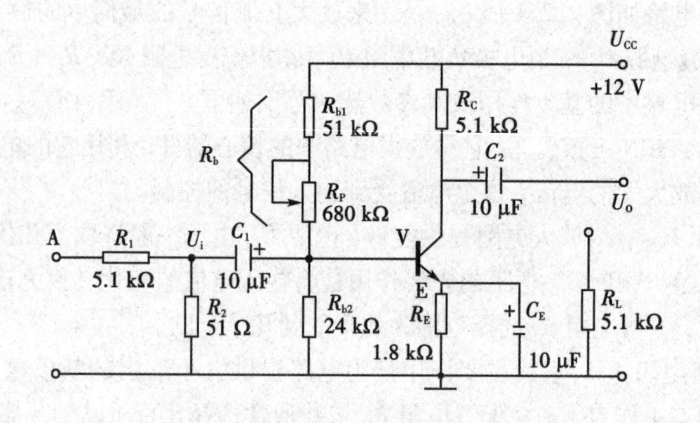

图 2.2.1　单级放大电路

(2)电压放大倍数测量

① 将函数信号发生器的输出信号调节到 f=1 kHz，幅值为 500 mV，接至放大电路的 A 点，经过 R_1、R_2衰减(100 倍)，U_i点得到 5 mV 的小信号，观察 U_i和 U_o端波形，并比较相位。

② 信号源频率不变，逐渐加大信号源幅度，观察 U_o不失真时的最大值并填表 2.2.2。

【思考题】

① 在单级放大电路中，接入负载电阻对电路的放大倍数有何影响？

② 在单级放大电路中，输入波形与输出波形相位差是多少？

预 习 报 告

班级学号：　　　　姓名：　　　　　　　　　日期：20　年　月　日

一、实验项目：单级放大电路的研究

二、实验目的：

① 掌握基本放大电路________________的调试方法。

② 研究静态工作点对________________的影响。

③ 掌握放大电路______________的测量方法。

三、注意事项：

____

____

____

____

____

四、预习内容(原理概述)：

________________，它是放大电路中的核心器件。

集电极负载电阻 R_C。电阻的主要作用是______________________________，实现电压的放大。

基极偏置电阻 R_P。它的主要作用是为电路提供大小适当的____________，使放大电路获得合适的__________。

耦合电容 C_1、C_2。它们的主要作用是__________，具体是隔离信号源端与放大电路端以及放大电路端与输出端之间的直流通路，另外电容还具有__________的作用，保证交流信号可以很畅通地通过放大电路。

五、实验电路图：

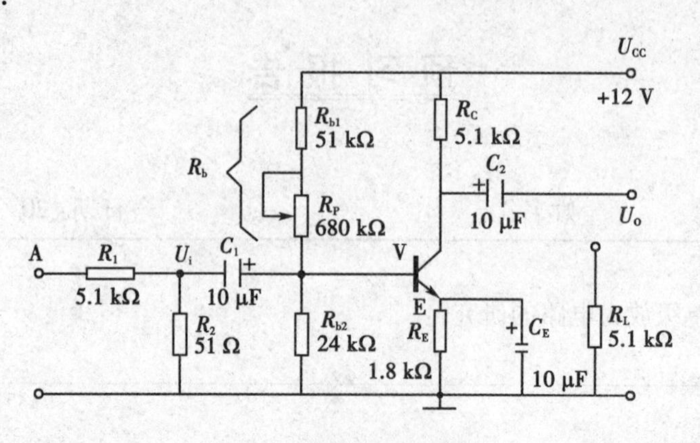

图 2.2.1　单级放大电路

六、实验数据：

表 2.2.1　静态参数的测量

实测			实测计算	
U_{BE}/V	U_{CE}/V	R_b/kΩ	I_b/μA	I_C/mA

表 2.2.2　电压测量　　$R_L=\infty$

实测		实测计算
U_i/mV	U_o/V	A_U
5		
10		
最大不失真时输入电压		

2.3 比例求和运算电路

【实验目的】

① 掌握集成运算放大器的基本使用方法。

② 了解运算放大器构成比例，求和电路的特点及性能。

③ 通过本次实验，学会上述电路的测试和分析方法。

【实验原理简介】

(1)集成放大电路的特点

集成电路简称 IC，一种半导体器件，是将各种元器件和连线等集成在一片硅片上面制成的。集成电路按照其功能的不同，可以分为数字集成电路和模拟集成电路。集成电路的外形通常有三种：双列直插式、圆壳式和扁平式。

(2)集成运放的主要技术指标及构成

集成运算放大器的内部实质是一个具有高放大倍数的多级直接耦合放大电路。集成运放通常包含四个基本组成部分，即输入级、中间级、输出级和偏置电路。由于集成运放的输入级通常由差分放大电路组成，因此一般具有两个输入端和一个输出端。两个输入端中，一个输入端为反相关系，另一个为同相关系，分别称为反相输入端 U_- 和同相输入端 U_+。

本次实验所用的集成运算放大器为 μA741，其引脚排列及各个引脚功能见附 2. 1。

注意：集成运算放大器 μA741，需要同时输入正 12 V 与负 12 V 电压才能够正常工作。

【实验器材】

① 模拟电路实验箱	1 台
② 直流电压源	1 个
③ 数字万用表	1 块

【注意事项】

① 直流电压源的输出端严禁短路，否则将损坏直流稳压电源。

② 用数字万用表测量电阻时，必须把电阻与电路断开。

③ 放大器 μA741 电源电压为正 12 V 与负 12 V，不能接错或接反。

【实验内容及步骤】

① 电压跟随电路。实验电路如图 2. 3. 1 所示，按照表 2. 3. 1 实验内容测量并记录。

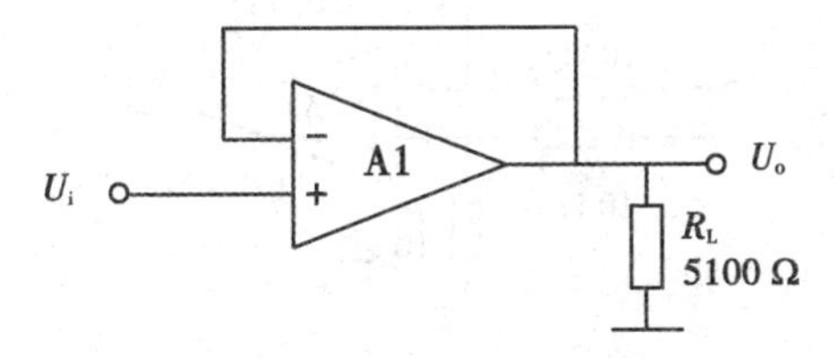

图 2. 3. 1　电压跟随电路

② 反相比例放大电路。实验电路如图 2. 3. 2 所示，按照表 2. 3. 2 实验内容测量并记录。

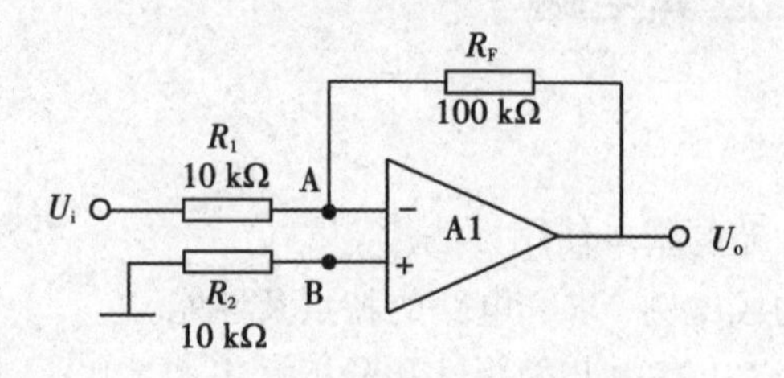

图 2. 3. 2　反相比例放大电路

③ 同相比例放大电路。实验电路如图 2. 3. 3 所示，按照表 2. 3. 3 实验内容测量并记录。

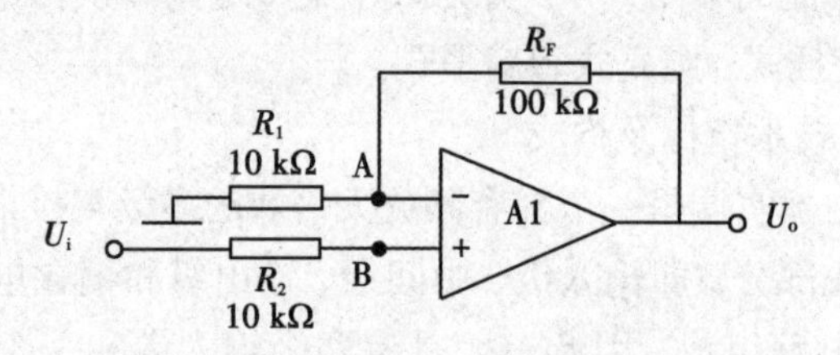

图 2. 3. 3　同相比例放大电路

④ 反相求和放大电路。实验电路如图 2. 3. 4 所示，按照表 2. 3. 4 实验内容测量并记录。

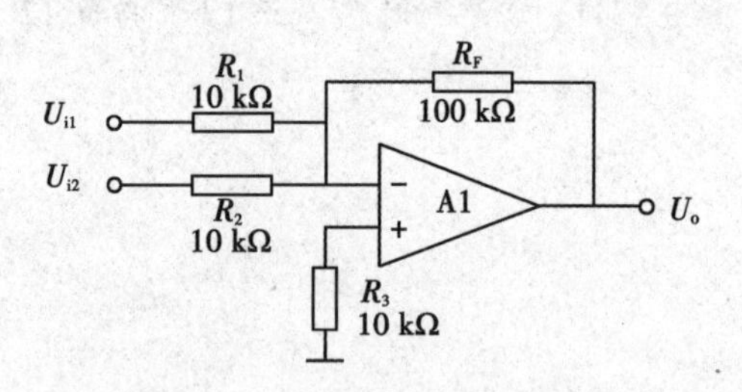

图 2. 3. 4　反相求和放大电路

⑤ 双端输入求和放大电路。实验电路如图 2. 3. 5 所示，按照表 2. 3. 5 实验内容测量并记录。

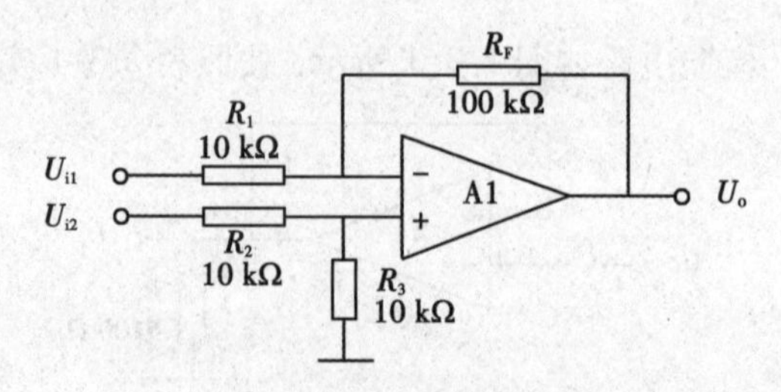

图 2. 3. 5　双端输入求和放大电路

预 习 报 告

班级学号：　　　　　　姓名：　　　　　　　　　　　日期：20　年　月　日

一、实验项目：比例求和运算电路

二、实验目的：

① 掌握____________的基本使用方法。

② 了解运算放大器构成________，________电路的特点及性能。

三、注意事项：

____

____

____

____

____

____

____

____

____

四、预习内容（原理概述）：

集成电路简称________，一种半导体器件，是将________和________等集成在一片硅片上面制成的。集成电路按照其功能的不同，可以分为____________和__________。集成电路的外形通常有三种：______、______和________。

集成运算放大器的内部实质是一个具有________的多级________放大电路。集成运放通常包含四个基本组成部分，即______、________、________和__________。集成运放的输入级通常有两个输入端，分别称为__________和______________。

五、实验电路图：

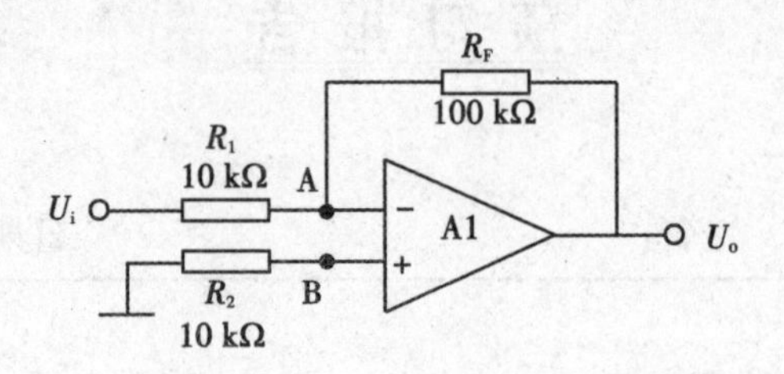

图 2.3.2　反相比例放大电路

六、实验数据：

表 2.3.1　电压跟随电路的测量　　单位：V

U_i		−2	−0.5	0	+0.5	+1
U_o	$R_L=\infty$					
	$R_L=5100\ \Omega$					

表 2.3.2　反相比例放大电路的测量　　单位：V

直流输入电压 U_i/mV		30	100	300	1000	3000
输出电压 U_o	理论估算值					
	测量值					

表 2.3.3　同相比例放大电路的测量　　单位：V

直流输入电压 U_i/mV		30	100	300	1000	3000
输出电压 U_o	理论估算值					
	测量值					

表 2.3.4　反相求和放大电路的测量　　单位：V

U_{i1}	0.3	−0.3
U_{i2}	0.2	0.2
U_o		

表 2.3.5　双端输入求和放大电路的测量　　单位：V

U_{i1}	1	2	0.2
U_{i2}	0.5	1.8	−0.2
U_o			

2.4 波形发生电路设计

【实验目的】

① 了解集成运算放大器在波形发生电路方面的应用。

② 掌握方波、三角波电路的基本工作原理。

③ 熟悉其他波形发生电路的特点和分析方法。

【实验原理简介】

(1)非正弦波发生电路

在自动化设备和系统中，经常需要进行性能的测试和信息的传送，这些都离不开一定的波形作为测试和传送的依据。非正弦波发生电路常用于脉冲和数字系统中作为信号源。常用的非正弦波发生电路有方波、矩形波、三角波和锯齿波发生电路。

当集成运放应用于上述不同类型的波形时，其工作状态并不相同。本实验研究的方波、三角波的电路，实质上是脉冲电路，它们大都工作在非线性区域。

(2)方波发生电路构成及原理

方波发生电路如图 2.4.1 所示。电路实际上由一个滞回比较器和一个 RC 充放电回路组成。其中集成运放与电阻 R_1 和 R_2 组成滞回比较器，电阻 R 和电容 C 构成充放电回路，稳压管和电阻 R_4 的作用是钳位，将滞回比较器的输出电压限制在稳压管的稳定电压值。

我们知道滞回比较器的输出只有两种可能的状态，高电平或低电平。滞回比较器的两种不同的输出电平使 RC 电路进行充电和放电，于是电容上的电压将升高或降低，而电容上的电压又作为滞回比较器的输入电压，控制其输出端状态发生跳变，从而使 RC 电路由充电过程变为放电过程或相反。如此循环往复，周而复始，最后在滞回比较器的输出端即可得到一个高低电平周期性交替的矩形波即方波。

(3)三角波发生电路构成及原理

将矩形波进行积分，可以得到线性度比较好的三角波。因此，将滞回比较器和积分电路适当地连接起来，即可组成三角波发生电路。三角波发生电路如图 2.4.2 所示。

三角波电路由集成运放 A1 组成一个滞回比较器，A2 组成积分电路，滞回比较器输出的矩形波加在积分电路的反相输入端进行积分，而积分电路输出的三角波又接回到滞回比较器的同相输入端，控制滞回比较器的输出端的状态发生跳变，从而在输出端得到周期性的三角波，R_P 可以调节幅度也可以调节振荡周期。

本次实验所用的集成运算放大器为 μA741，其引脚排列及各个引脚功能见附 2.1。

【实验器材】

① 模拟电路实验箱	1 个
② 直流稳压电源	1 个
③ 数字万用表	1 个

【注意事项】

① 直流电压源的输出端严禁短路，注意本次实验选择电源电压为±12 V。

② 使用示波器观察波形时，禁止将示波器输入端在内部及外部接地。

③ 用万用表测量直流电压时，要注意正、负极性(红表笔接参考方向的正极，黑表笔接参考方向的负极)。

【实验内容及步骤】

① 方波发生电路：实验电路如图 2.4.1 所示，双向稳压管稳压值为 5~6 V。

② 按照电路图连接，示波器观察 U_C 和 U_O 波形并测试输出频率。

③ 分别测量当 $R=10$ kΩ 和 $R=110$ kΩ 时的输出波形频率和输出幅值，并记录在表 2.4.1 中。

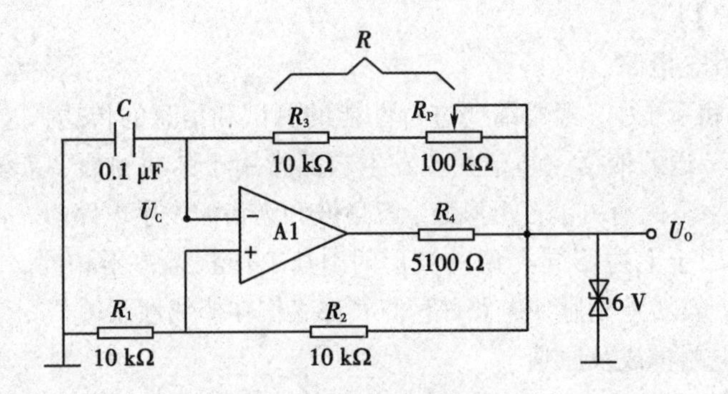

图 2.4.1　方波发生电路

④ 三角波发生电路：实验电路如图 2.4.2 所示。

⑤ 按照电路图连接，示波器观察 U_{O1} 和 U_{O2} 波形并测试输出频率。

⑥ 分别测量当 $R_P=10$ kΩ 和 $R_P=20$ kΩ 时的输出波形频率并记录在表 2.4.2 中。

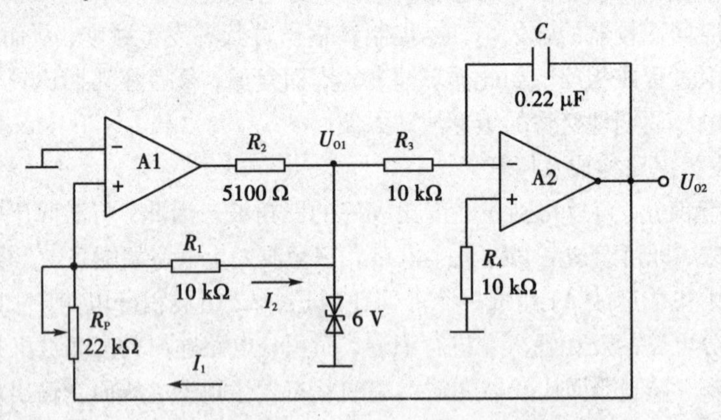

图 2.4.2　三角波发生电路

【思考题】

① 波形发生电路需要调零吗？

② 波形发生电路有没有外接输入端？

预 习 报 告

班级学号：　　　　　　姓名：　　　　　　　　　　　日期：20　年　月　日

一、实验项目：波形发生电路设计

二、实验目的：

① 了解________________在波形发生电路方面的应用。

② 掌握____________、______________电路的基本工作原理。

③ 熟悉其他波形发生电路的__________和____________方法。

三、注意事项：

____

____

____

____

____

____

____

____

四、预习内容(原理概述)：

非正弦波发生电路常用于__________和__________中作为信号源。常用的非正弦波发生电路有________、________、__________和__________发生电路。

方波发生电路实际上由一个______________和一个______________组成。其中集成运放和__________组成滞回比较器，________和________构成充放电回路，稳压管和电阻 R_4 的作用是________。

将______________进行积分，可以得到线性度比较好的____________。因此，将__________和____________适当地连接起来，即可组成三角波发生电路。

五、实验电路图：

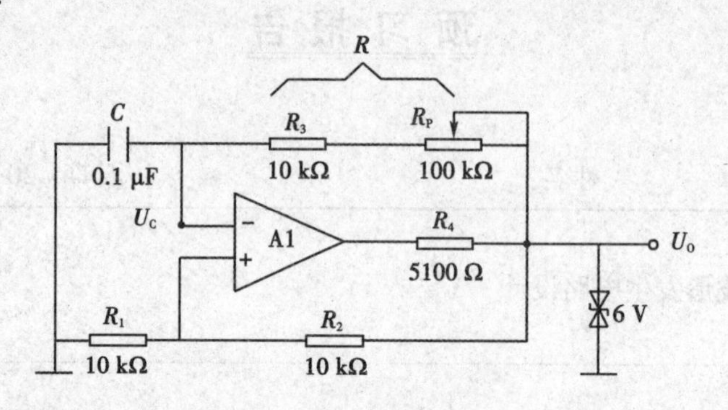

图 2.4.1　方波发生电路

六、实验数据：

表 2.4.1　方波参数测量

	U_C 波形图	U_O 波形图	频率/Hz	U_O 幅值/V
R=10 kΩ				
R=110 kΩ				

表 2.4.2　三角波参数测量

	U_{O1}波形图	U_{O2}波形图	频率/Hz	U_{O1}幅值/V
R_P =10 kΩ				
R_P =20 kΩ				

3 数字电子技术实验

3.1 数字电路实验基础知识

【数字集成电路封装】

中小规模数字 IC 中最常用的是 TTL 电路和 CMOS 电路。TTL 器件型号以 74(或 54)作前缀，称为 74/54 系列，如 74LS10、74FI81、54S86 等。中小规模 CMOS 数字集成电路主要是 4×××/45××(×代表 0~9 的数字)系列。TTL 电路与 CMOS 电路各有优缺点，TTL 速度高，CMOS 电路功耗小、电源范围大、抗扰能力强。在数字电路实验教学中，我们主要选用了 TTL74 系列器件，采用+5 V 电源。

数字 IC 器件有多种封装形式。为了教学实验方便，实验中所用的 74 系列器件封装选用双列直插式。图 3.1.1 是双列直插封装的正面示意图。双列直插封装有以下特点：

① 从正面(上面)看，器件左端有一个半圆缺口，这是正方向的标志。缺口下面第一个引脚号为 1 号管脚，引脚号按逆时针方向递增。图 3.1.1 中的数字表示引脚号。

② 双列直插器件有两列引脚。引脚之间的间距是 2.54 mm。两列引脚之间的距离有宽(15.24 mm)、窄(7.62 mm)两种。两列引脚之间的距离能够稍做改变，引脚间距不能改变。双列直插封装 IC 引脚数有 14、16、20、24、28 等若干种。

③ 74 系列器件一般右下角的最后一个引脚是 GND，左上角的引脚是 V_{CC}。例如，14 引脚器件引脚 7 是 GND，引脚 14 是 V_{CC}；但也有一些例外。所以使用集成电路器件时要先看清它的引脚图，找对电源和地，避免因接线错误造成器件损坏。

④ 实验箱芯片插孔也是双列，上下数目一致。左下角第一个孔号为 1 号，插孔号按逆时针方向递增，如图 3.1.2 所示。器件插入实验箱芯片插座时，如果器件引脚数少于插座插孔数时，器件引脚和实验箱插座插孔标号要进行换算。一般插芯片时都采取左对齐方式，如图 3.1.3 所示。将器件插入实验台上的插座中或者从插座中拔出时要小心，不要将器件引脚弄弯或折断。

【数字电路测试】

设计好一个数字电路后，要对其进行测试，以验证设计是否正确，数字电路测试大体分为静态测试和动态测试两部分。

(1)静态测试

静态测试是指给定数字电路若干组静态输入值，测试数字电路的输出值是否正确。数字电路设计好后，在实验台上连接成一个完整的线路。把线路的输入端接电平开关，输出端接指示灯，按功能表或状态表的要求，改变输入状态，观察输入和输出之间的关系是否符合设计要求。静态测试是检查设计是否正确，接线是否无误的重要一步。

图 3.1.1　双列直插芯片封装图

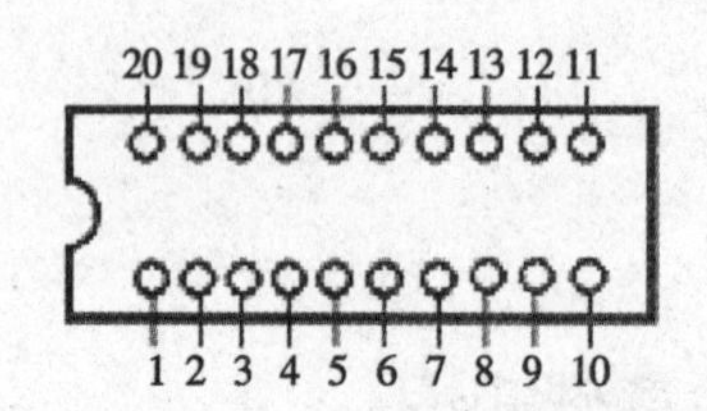

图 3.1.2　双列直插芯片插座

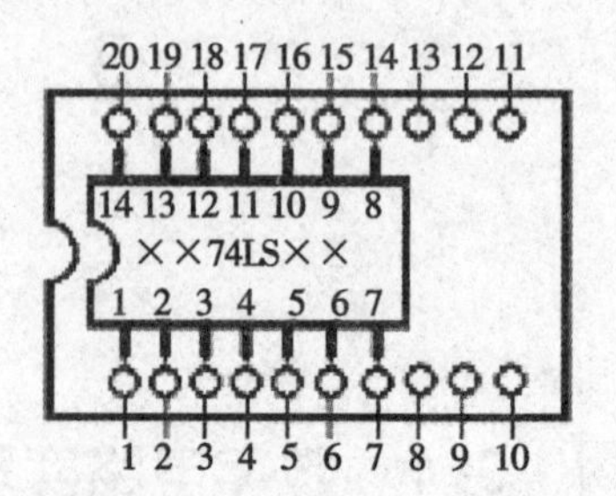

图 3.1.3　引脚标号和插孔换算

(2)动态测试

动态测试是在静态测试基础上，按设计要求在输入端加动态脉冲信号，观察输出端波形是否符合设计要求，有些数字电路只需进行静态测试即可，有些数字电路则必须进行动态测试。一般地说，时序电路应进行动态测试。

【数字电路的故障查找和排除】

在数字电路实验中经常发生的典型故障，一般是由以下三个方面原因引起的：

(1)器件故障

器件故障是器件失效或器件接插问题引起的故障。器件接插问题包括选错器件、管脚折断、器件的某个(或某些)引脚没插到插座中、器件引脚使用错误等。

(2)接线错误

接线错误是最常见的错误。常见的接线错误包括：忘记接器件的电源和地；连线与插孔接触不良或断线；连线多接、漏接、错接。解决方法大致包括：接线前一定要检测所用导线，保证完好；熟悉所用器件的功能及其引脚号，保证每个芯片的电源和地一定要接对、接好；检查连线有无错接、多接、漏接；最重要的是接线前要画出接线图(标注引脚标号)，按图接线，不要凭记忆随想随接；接线要规范、整齐，尽量走直线、短线，以免引起干扰。

TDS 实验台上的接线采用自锁紧插头、插孔(插座)。在使用时，先把插头插进插孔中，然后把插头按顺时针方向轻轻一拧则锁紧。拔出插头时，先按逆时针方向轻轻拧一下插头，使插头和插孔之间松开，然后手捏插头将插头从插孔中拔出。不要拽线或用力拔插头，以免损坏插头和连线。

(3)设计错误

设计错误自然会造成与预想的结果不一致。原因是对实验要求没有吃透，或者是对所用器件的原理没有掌握。因此实验前一定要理解实验要求，掌握实验线路原理，精心设计。初始设计完成后一般应对设计进行优化。最后画好逻辑图及接线图。

3.2 集成逻辑门的测试

【实验目的】

① 能正确使用数字电路实验系统。

② 熟悉 TTL 中小规模集成电路的外形、管脚和使用方法。

③ 掌握各种常用集成逻辑门输入与输出之间的逻辑关系。

④ 初步学会数字电路静态测试方法，通过静态测试能判断出器件好坏。

⑤ 学会用万用表判断输入输出逻辑值。

【实验原理简介】

(1)集成逻辑电路概念

集成电路是指将电路中的各个元件及连线按照一定的功能使用 TTL 等半导体工艺技术集成在面积很小的一块半导体基片上，封装在一个壳体中，组成一个不可分割的单元。所谓集成逻辑门，就是以门为单位，具有一定逻辑功能的集成电路。

(2)各种逻辑门输入输出逻辑关系

与非门：　$Q=\overline{AB}$

异或门：　$Q=A\oplus B$

非门：　$Q=\overline{A}$

与或非门：$Q=\overline{AB+CDE}$

【注意事项】

① 或门及或非门的多余输入端不能悬空，必须接“0”或接地。

② 与门及与非门的多余输入端接“1”或电源，悬空对地成高阻抗，容易受外界干扰。

③ TTL 电路(OC 门和三太门除外)的输出端不允许并联使用，也不允许直接与+5 V 电源或地相连，否则将会使电路的逻辑混乱并损坏器件。

④ 严禁带电操作。

⑤ 接线时不要用力过猛，拆线时不要拽线或用力拔插头，以免损坏插头和连线。

【实验器材】

① 数字实验系统　1 台

② 数字万用表　1 块

③ 74LS00　1 片

④ 74LS86　1 片

⑤ 74LS04　1 片

⑥ 74LS54　1 片

【实验内容及步骤】

(1)TTL 集成逻辑门电路(74LS00、74LS86、74LS04、74LS54)逻辑功能的测试

① 如图 3.2.1 所示，在实验系统箱上找到所用逻辑门的集成片，根据常用器件引脚图

确定所选逻辑门的引脚，将输入端接逻辑开关，输出端接发光二极管。通过改变输入信号逻辑值(开关上拨为“1”，下拨为“0”)，观察输出信号逻辑值：输出指示灯亮记为“1”；灯灭记为“0”。将结果填入表 3.2.1。

② 用数字万用表测试 74LS00 输入端高低电平、输出端高低电平的电压值：黑表笔点 GND，红表笔点被测端。将测试结果填入表 3.2.1。

(2)与或非门 74LS54 逻辑功能测试

按图 3.2.2 接线，将所测结果填入表 3.2.2。

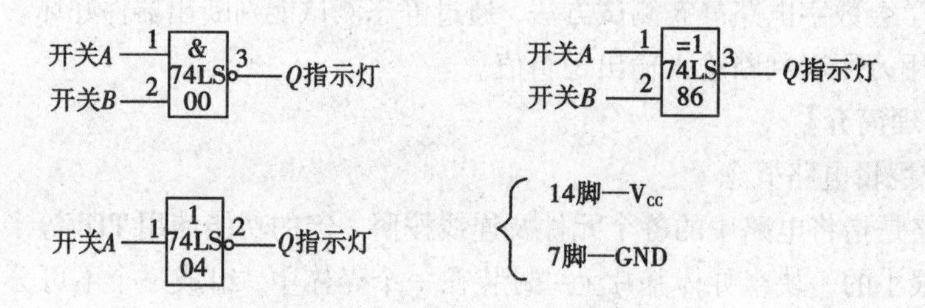

图 3.2.1 74LS(00/86/04)接线图

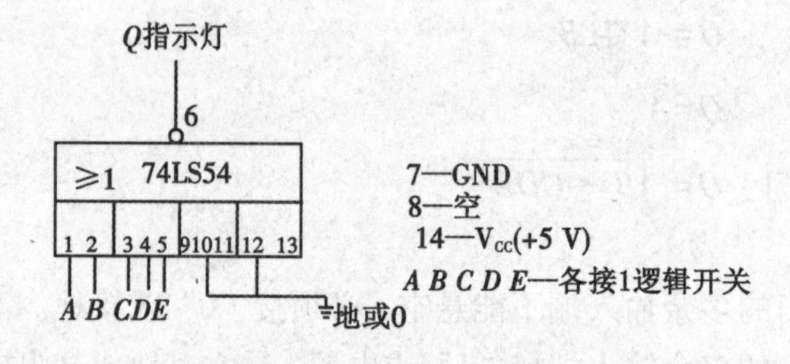

图 3.2.2 74LS54 接线图

【实验报告要求】

① 原理：集成电路概念、逻辑图、逻辑表达式。

② 接线图：接线图及引脚标号。

③ 步骤：实验步骤及测量方法。

④ 结论：实验结果(数据表格)、结论总结(各逻辑门输入输出关系、输入输出高低电平电压范围)。

预 习 报 告

班级学号：　　　　姓名：　　　　　　　　日期：20　年　月　日

一、实验项目：集成逻辑门的测试

二、实验目的：

① 能正确使用________________________系统。

② 熟悉 TTL 中小规模集成电路的________、__________和______________。

③ 掌握各种常用集成逻辑门________与________之间的逻辑关系。

④ 初步学会______________测试方法，通过________能判断出________器件好坏。

⑤ 学会用________判断输入输出逻辑值。

三、注意事项：

① ______________________________

② ______________________________

③ ______________________________

④ ______________________________

⑤ ______________________________

四、预习内容：

① 原理概述：

②逻辑表达式：

五、实验电路图：（根据图 3.2.1 和图 3.2.2 画实际接线图，标清所用器件的引脚标号）

六、实验数据：

表 3.2.1 74LS(00/86/04)逻辑功能表

输入				输出 Q						
逻辑输入（开关）		输入电平/V（万用表测量）		与非门(00)			异或门(86)（灯）		非门(04)（灯）	
				（灯）		输出电平				
A	B	U_A	U_B	预估	测量	万用表测量	预估	测量	预估	测量
0	0									
0	1									
1	0									
1	1									

注：输入、输出低电平大于或等于 0 V，小于 0.3 V；输入、输出高电平大于 3.0 V，小于或等于 5 V。

表 3.2.2 74LS54 逻辑功能表

A	B	C	D	E	Q(预估)	Q(测量)
0	0	0	0	0		
0	0	1	1	1		
1	1	0	0	1		
1	1	1	0	1		
1	0	1	1	0		
1	1	1	1	1		

3.3 加法器构成及逻辑功能测试

【实验目的】

① 掌握半加器和全加器的逻辑功能和实现方法。

② 了解半加器和全加器在数字电路中的应用。

③ 学会组合电路分析和设计方法

【实验原理简介】

(1)半加器

不考虑低位进位，只考虑两个本位二进制数码相加的运算叫作半加运算。能实现半加运算的电路叫作半加器。($C_iS_i = A_i + B_i$)

$$S_i=\overline{\overline{A_i\,\overline{A_iB_i}}\cdot\overline{B_i\,\overline{A_iB_i}}}=A_i\,\overline{A_iB_i}+B_i\,\overline{A_iB_i}=A_i\,\overline{B_i}+B_i\,\overline{A_i}$$

$$C_i=\overline{\overline{A_iB_i}}=A_iB_i$$

(2)全加器

两个本位数相加时，若还要考虑来自低位的进位，这种三者相加的运算就是所谓全加运算，而实现全加运算的电路就叫作全加器。($C_iS_i=A_i+B_i+C_{i-1}$)

$$S_i=\overline{C_i\,\overline{A_i}+C_i\,\overline{B_i}+C_i\,\overline{C_{i-1}}+\overline{A_i}\,\,\overline{B_i}\,\,\overline{C_{i-1}}}$$

$$C_i=\overline{\overline{A_i}\,\,\overline{B_i}+\overline{A_i}\,\,\overline{C_{i-1}}+\overline{B_i}\,\,\overline{C_{i-1}}}$$

【注意事项】

① 在应用 74LS54 组成全加器时，应注意多余引脚的处理。

② 注意所用到的所有集成片都应接电源和地。

③ 接线前，应先查书后附录中的器件管脚图，最好在接线图中标注清楚。

④ 对与或非门而言，如果某个与门中的一条或几条输入引脚不被使用，则需将它们接高电平；如果整个与门不被使用，则需将此门的至少一条输入引脚接地。

【实验器材】

① 数字实验系统 1 台

② 数字万用表 1 块

③ 74LS54 2 片

④ 74LS00 1 片

⑤ 74LS04 1 片

【实验内容及步骤】

(1)半加器构成及逻辑功能的测试

应用一片 74LS00 和一片 74LS04 组成如图 3.3.1 所示的半加器电路，并测试其逻辑功能，将结果填入表 3.3.1。

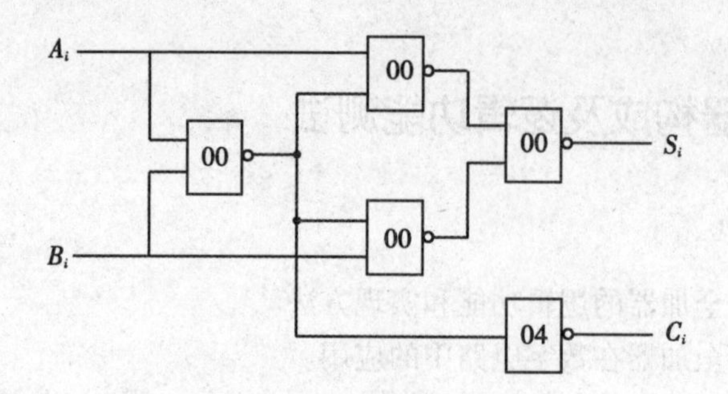

图 3.3.1　半加器逻辑图

(2)全加器电路构成及逻辑功能测试

应用两片 74LS54 和一片 74LS04 组成如图 3.3.2 所示的全加器电路，并测试其逻辑功能，将结果填入表 3.3.2。

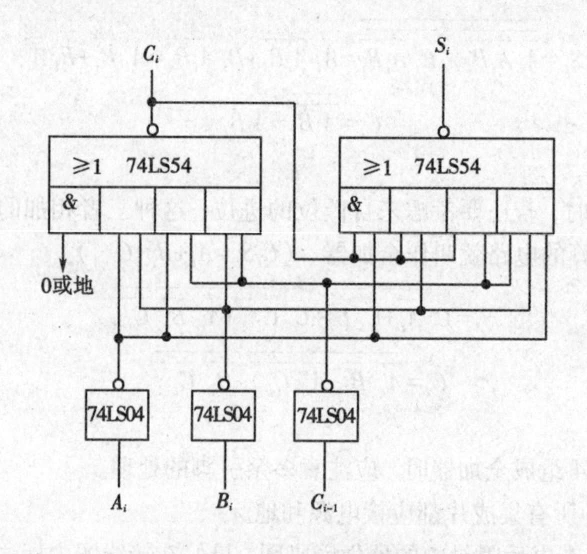

图 3.3.2　全加器逻辑图

【实验报告要求】

① 原理：全加器和半加器原理叙述及逻辑表达式。

② 接线图：逻辑图及引脚标号(74LS54 芯片中多余门和悬空管脚必须标注清楚)。

③ 步骤：实验步骤及测量方法。

④ 结论：

- 逻辑功能表、对实验结果进行总结分析，得出实验结论；
- 根据半加器、全加器的接线图写出其输入-输出原始逻辑表达式(不需化简，全加器 C_i 可以作为 S_i 的输入直接写入表达式)。

预 习 报 告

班级学号： 姓名： 日期：20 年 月 日

一、实验项目：加法器构成及逻辑功能测试

二、实验目的：

① 掌握半加器和全加器的________________________________。

② 了解半加器和全加器在____________中的应用。

③ 学会____________________________。

三、注意事项：

① ____

② ____

③ ____

④ ____

四、预习内容：

① 原理概述：（半加器和全加器概念及公式）

②逻辑表达式：（半加器和全加器原始逻辑表达式）

五、实验电路图：（根据图 3.3.1 和图 3.3.2 画实际接线图，标注各芯片所用的引脚标号）

六、实验数据：

表 3.3.1　半加器逻辑功能表

输入		输出	
		预估	测量
A_i	B_i	C_i	S_i
0	0		
0	1		
1	0		
1	1		

表 3.3.2　全加器逻辑功能表

输入			输出	
			预估	测量
A_i	B_i	C_{i-1}	C_i S_i	C_i S_i
0	0			
0	0	1		
0	1	0		
0	1	1		
1	0	0		
1	0	1		
1	1	0		
1	1	1		

3.4 触发器逻辑功能测试

【实验目的】

① 了解 JK 触发器、D 触发器的工作原理。

② 掌握 JK 触发器的逻辑功能及使用方法。

【实验原理简介】

(1)触发器的概念及作用

触发器是一种具有记忆功能的逻辑电路。它有两个稳定状态，即“0”状态和“1”状态。只有在触发信号作用下，才能从原来的状态变成新的稳定状态；无触发信号时，它就维持原来的稳定状态。触发器接受触发信号之前的状态叫现态，用 Q^n 表示；触发器接受触发信号之后的状态叫次态，用 Q^{n+1} 表示。

触发器的应用除作为时序逻辑的主要单元外，一般还用来作为消振颤电路、同步单脉冲发生器及倍频器等。

(2)JK 触发器 74LS114 工作原理(RS 低电平有效，CP 下降沿触发)

① 异步工作：(J、K、CP 无效)

$\overline{R_D}=0$、$\overline{S_D}=1$ 时，$Q=0$(异步置 0)；$\overline{R_D}=1$、$\overline{S_D}=0$ 时，$Q=1$(异步置 1)

$\overline{R_D}=0$、$\overline{S_D}=0$ 时，禁止状态；$\overline{R_D}=1$、$\overline{S_D}=1$ 时，同步状态

② 同步工作：$Q^{n+1}=J\overline{Q^n}+\overline{K}Q^n$　　($\overline{R_D}=1$　$\overline{S_D}=1$　$CP\downarrow$)

$J=0$、$K=0$ 时，$Q^{n+1}=Q^n$(同步保持)；$J=1$、$K=0$ 时，$Q^{n+1}=1$(同步置 1)

$J=0$、$K=1$ 时，$Q^{n+1}=0$(同步置 0)；$J=1$、$K=1$ 时，$Q^{n+1}=\overline{Q^n}$(同步翻转)

(3)D 触发器 74LS74 工作原理(RS 低电平有效，CP 上升沿触发)

① 异步工作：(同 JK 触发器，D 和 CP 无效)

② 同步工作：$Q^{n+1}=D$　　($\overline{R_D}=1$　$\overline{S_D}=1$　$CP\uparrow$)

$D=0$ 时，$Q^{n+1}=0$(同步置 0)；$D=1$ 时，$Q^{n+1}=0$(同步置 1)

【注意事项】

① 实验前先查附 2.6 中 74LS74 和 74LS114 的引脚排列图，不要将电源和地接错。

② 按单脉冲时注意上升沿和下降沿。

【实验器材】

① 数字实验系统	1 台
② 数字万用表	1 块
③ 74LS114、74LS74	各 1 片

【实验内容及步骤】

(1)JK 触发器 74LS114 逻辑功能测试

本实验选用双主从 JK 触发器 74LS114。其复位端 $\overline{RD}$ 和置位端 $\overline{SD}$ 是低电平有效，$\overline{CP}$ 是下降沿触发。它的特征方程为 $Q^{n+1} = J\overline{Q^n} + \overline{K}Q^n$ 。

利用发光二极管显示输出 Q，将输入端 $\overline{SD}$ 、$\overline{RD}$ 、J、K 端分别接逻辑开关，$\overline{CP}$ 接单脉冲(宽脉冲)，如图 3.4.1 所示。

① JK 触发器异步逻辑功能测试：将输入端 $\overline{SD}$ 、$\overline{RD}$ 按表 3.4.1 置入，观察输出端的变化情况，将结果填入表 3.4.1。

② JK 触发器同步逻辑功能测试：先用异步输入端 $\overline{SD}$ 、$\overline{RD}$ 将输出端现态(Q^n)置为“1”或“0”，再将 $\overline{SD}$ 、$\overline{RD}$ 同时置“1”，按表 3.4.1 测试要求输入 J、K 值，然后给脉冲观察输出端次态 Q^{n+1} 的结果，并将其填入表 3.4.1。

(2)D 触发器 74LS74 逻辑功能测试

本实验选用双重维阻 D 触发器 74LS74，其置位端 $\overline{SD}$ 和复位端 $\overline{RD}$ 低电平有效，CP 是上升沿触发。它的特征方程为 $Q^{n+1} = D$。

输出 Q 端接发光二极管，CP 接单脉冲(宽脉冲)，其余输入端接逻辑开关，如图 3.4.2 所示。根据表 3.4.2 中输入端的变化观察输出端 Q 的变化情况，并将结果填入表 3.4.2。

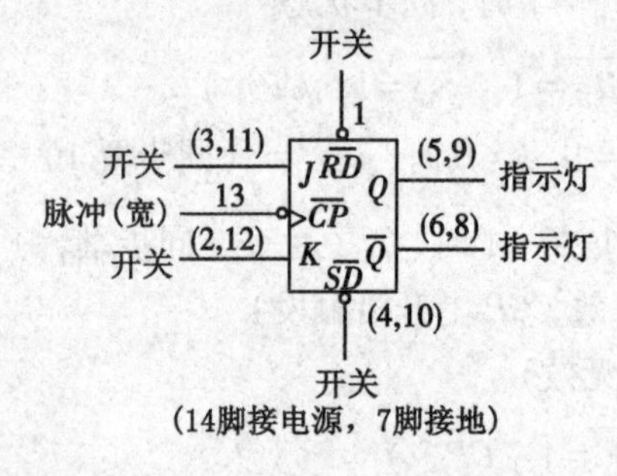

图 3.4.1 74LS114 引脚图

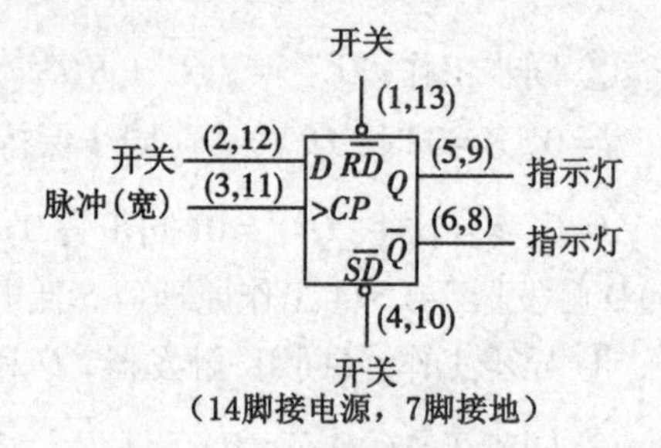

图 3.4.2 74LS74 引脚图

【实验报告要求】

① 原理：触发器概念、工作原理、特征方程。

② 接线图：接线图及引脚标号。

③ 步骤：实验步骤及测量方法。

④ 结论：

- 实验结果(数据表格)；
- 结论总结(根据所测结果总结 D 触发器、JK 触发器同步、异步各种工作状态)。

预 习 报 告

班级学号: 姓名: 日期: 20 年 月 日

一、实验项目: 触发器逻辑功能测试

二、实验目的:

① 了解________________的工作原理。

② 掌握 JK 触发器的__________及__________。

三、注意事项:

① 实验前先查附录中______和______的引脚排列图, 不要将_____和_____接错。

② 按单脉冲时注意______和______。

四、预习内容:

① 原理概述: (触发器概念及状态说明)

② JK 触发器特征方程、输出状态与各输入端的关系: (工作原理)

③D 触发器特征方程、输出状态与各输入端的关系: (工作原理)

五、实验电路图：（参照图 3.4.1 和图 3.4.2 画实际接线图，并标出所用引脚的标号）

六、实验数据：

表 3.4.1　JK 触发器逻辑功能表

	$\overline{SD}$	$\overline{RD}$	$\overline{CP}$	J	K	Q^n	估 Q^{n+1}	测 Q^{n+1}	状态
	0	1	×	×	×		×		
异步	1	0	×	×	×		×		
	0	0	×	×	×	–	–		
	1	1	↓	0	0	0			
	1	1	↓	0	0	1			
	1	1	↓	0	1	0			
	1	1	↓	0	1	1			
同步	1	1	↓	1	0	0			
	1	1	↓	1	0	1			
	1	1	↑	1	1	0			
	1	1	↑	1	1	1			
	1	1	↓	1	1	0			
	1	1	↓	1	1	1			

表 3.4.2　D 触发器逻辑功能表

	$\overline{SD}$	$\overline{RD}$	$\overline{CP}$	D	Q^n	估 Q^{n+1}	测 Q^{n+1}	状态
	0	1	×	×	×		×	
异步	1	0	×	×	×		×	
	0	0	×	×	–		–	
	1	1	↑	0	0			
	1	1	↑	0	1			
	1	1	↑	1	0			
同步	1	1	↑	1	1			
	1	1	↓	0	0			
	1	1	↓	0	1			
	1	1	↓	1	0			
	1	1	↓	1	1			

3.5 同步计数器设计及实现

【实验目的】

① 了解同步计数器工作原理和逻辑功能。

② 掌握计数器电路的分析、设计方法及应用。

③ 初步学会时序电路分析和设计方法。

【实验原理简介】

(1)计数器的概念及种类

计数器是用来统计输入脉冲个数的电路，是组成数字电路和计算机电路的基本时序逻辑部件。

计数器按计数长度可分为：二进制、十进制和任意进制计数器。计数器不仅有加法计数器，也有减法计数器。如果一个计数器既能完成累加计数的功能，也能完成递减的功能，则称其为可逆计数器。

在同步计数器中，各触发器共用同一时钟信号。时钟信号是计数脉冲信号的输入端。

(2)时序电路的分析过程

根据给定的时序电路，写出各触发器的驱动方程、输出方程，根据驱动方程代入触发器特征方程，得到每个触发器的次态方程；再根据给定初态，依次迭代得到特征转换表，分析特征转换表画出状态图。

(3)设计过程

设计流程如图 3.5.1 所示。

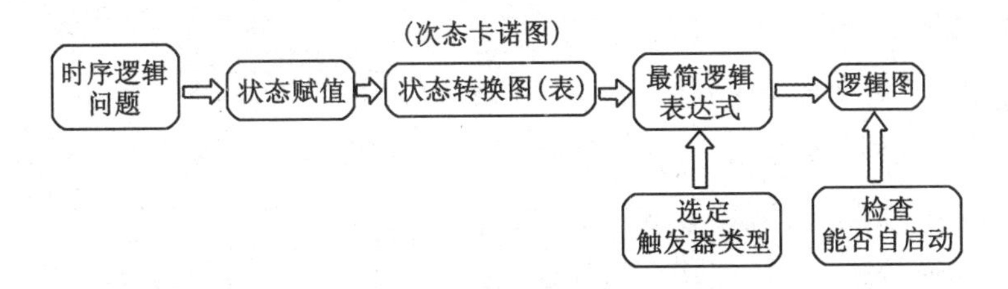

图 3.5.1 时序电路的设计流程图

【注意事项】

① 在化简过程中一定按要求化到最简，且不要发生错误，检查无误后方可接线。

② 检查导线，保证无断线。

③ 正确选择芯片，按实验步骤要求分步接线(接线过程中一定注意引脚标号换算)。

④ 注意所用的每个芯片都必须接电源和地(切记不能接反)。

【实验器材】

① 数字实验系统 1 台

② 数字万用表 1 块

③ 74LS114 2 片

④ 74LS00、74LS08　　　　　　　　　　　　　　　　各1片

【实验内容及步骤】

(1)设计要求(器件应在给定芯片中选择)

① 用JK触发器设计出一个循环型二进制同步加法(或减法)计数器。

② 要求所设计的计数器具有置"0"、置"1"和同步计数功能。

③ 器件应在给定芯片中选择。

(2)设计过程

① 根据给定的状态图写出真值表(将真值表数据填入表3.5.1中)。

② 画出卡诺图(圈出最小项)→写出状态方程并化简(与或者与非)→写出驱动方程。

③ 根据驱动方程画出完整的接线图并标出正确的引脚标号(在图3.5.2基础上完成电路)。

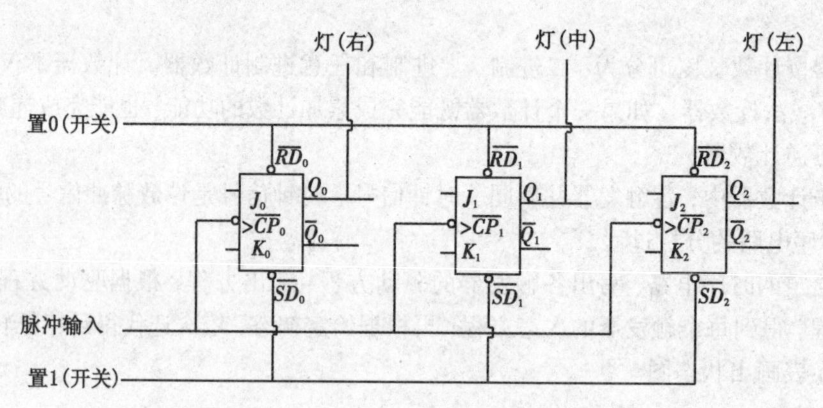

图3.5.2　三位二进制计数器主干图

(3)实现过程

① 首先按图3.5.2接主干路图(J、K引脚悬空，$\overline{R_D}=1$、$\overline{S_D}=1$)。

② 按以下步骤初步测试芯片和计数器的置"1"、置"0"功能：

a. 异步置"1"：当$\overline{R_D}=1$、$\overline{S_D}=0$时，输出111。

b. 异步置"0"：当$\overline{R_D}=0$、$\overline{S_D}=1$时，输出000。

c. 同步翻转：当$\overline{R_D}=1$、$\overline{S_D}=1$时，按CP脉冲时输出000~111转换。

(4)接线(接线前必须检查好每一根导线)

按设计电路接J、K，接完后按以下步骤测试其功能，将结果填入表3.5.2中。($\overline{R_D}$和$\overline{S_D}$初始状态为11)

① 异步置"1"：当$\overline{R_D}=1$、$\overline{S_D}=0$时，输出111。

② 异步置"0"：当$\overline{R_D}=0$、$\overline{S_D}=1$时，输出000。

③ 同步计数：当$\overline{R_D}=1$、$\overline{S_D}=1$时，给CP端输入脉冲，计数器输出按给定状态图开始循环计数。

【实验报告要求】

① 原理：原理叙述、设计流程、状态图、卡诺图。

② 步骤：设计方法及操作步骤(状态方程、驱动方程)。

③ 接线图：逻辑图及引脚标号。

④ 结论：整理数据、图表，分析总结所设计的计数器功能(异步如何置“0”、置“1”，如何同步计数)。

【设计指导】

(1)状态图

① 约束项为 001 加法：

000→010→011→100→101→110→111→000

约束项为 001 减法：

000→111→110→101→100→011→010→000

② 约束项为 010 加法：

000→001→011→100→101→110→111→000

约束项为 010 减法：

000→111→110→101→100→011→001→000

③ 约束项为 011 加法：

000→001→010→100→101→110→111→000

约束项为 011 减法：

000→111→110→101→100→010→001→000

④ 约束项为 100 加法：

000→001→010→011→101→110→111→000

约束项为 100 减法：

000→111→110→101→011→010→001→000

⑤ 约束项为 101 加法：

000→001→010→011→100→110→111→000

约束项为 101 减法：

000→111→110→100→011→010→001→000

⑥ 约束项为 110 加法：

000→001→010→011→100→101→111→000

约束项为 110 减法：

000→111→101→100→011→010→001→000

⑦ 约束项为 111 加法：

000→001→010→011→100→101→110→000

约束项为 111 减法：

000→110→101→100→011→010→001→000

(2)测试出现错误时的检查方法

① 目测:

a. 检查芯片选择是否正确、每个芯片电源接入是否有误、芯片引脚换算是否正确，置位端 $\overline{S_D}$ 和复位端 $\overline{R_D}$ 是否都置“1”。

b. 从第一个 000 开始按脉冲观察输出结果，发现某一状态出现错误时，重新置零后重复上述操作，使状态停留在最后一个正确状态(即此错态的前一状态)。根据两个状态的比较，判断是哪一位出错了，对应查找出错位的输入端接线。如果不是一位出错就从低位查起。

$Q^n=1$ 时结果出错，查 K 引脚，与 J 引脚无关；

$Q^n=0$ 时结果出错，查 J 引脚，与 K 引脚无关。

② 万用笔测试法:

电压小于 0.3 V 为“0”，电压大于 3 V 为“1”，电压 0~0.3 V 为不正常电压，可能连接导线有问题，更换导线。

a. 如果芯片选择正确、每个芯片电源地接入正确、芯片引脚换算无误；置位端 $\overline{S_D}$ 和复位端 $\overline{R_D}$ 都已置“1”；用万用表黑表笔点地，红表笔分别点芯片电源、地、$\overline{S_D}$、$\overline{R_D}$ 对应引脚插孔，通过电位排除电源和置位问题。

b. 用万用表黑表笔点地，红表笔点芯片脉冲对应的输入孔，按脉冲观察 CP 脉冲是否好用。

c. 如以上都无问题，从第一个 000 开始按脉冲观察输出结果，发现某一状态出现错误时，重新置零后重复上述操作，使状态停留在最后一个正确状态(即此错态的前一状态)。根据两个状态的比较，判断是哪一位出错了，如果不是一位出错就从低位测起。用万用表黑表笔点地(GND 孔)，红表笔点该位 J 或 K 引脚对应插孔。假如输入状态不正确，检查错误信号所涉及的逻辑门的状态是否有误(逐级往前查)。

现态 $Q^n=1$，次态 $Q^{n+1}=\overline{K}$ 结果有误时查 K 引脚，与 J 引脚无关：

$$K=1 \text{ 时 } Q^{n+1}=0,\ K=0 \text{ 时 } Q^{n+1}=1$$

现态 $Q^n=0$，次态 $Q^{n+1}=J$ 结果有误时查 J 引脚，与 K 引脚无关：

$$J=1 \text{ 时 } Q^{n+1}=1,\ J=0 \text{ 时 } Q^{n+1}=0$$

d. 假如以上都没问题，可能是触发器坏了，请找老师调换。

预 习 报 告

班级学号：　　　　　姓名：　　　　　　　　　　　日期：20　年　月　日

一、实验项目：同步计数器设计及实现

二、实验目的：

① 了解________________________________。

② 掌握计数器电路的______________________。

③ 初步学会________分析和设计方法。

三、注意事项：

① ____

② ____

③ ____

④ ____

四、预习内容：

① 原理概述：(计数器概念及状态图)

②同步二进制加减法计数器设计过程

卡诺图(含最小项)

Q_2 \ Q_1Q_0	00	01	11	10
0				
1				

Q_2^{n+1}

Q_2 \ Q_1Q_0	00	01	11	10
0				
1				

Q_1^{n+1}

Q_2 \ Q_1Q_0	00	01	11	10
0				
1				

Q_0^{n+1}

Q_2 \ Q_1Q_0	00	01	11	10
0				
1				

状态方程(含化简过程)

驱动方程(与或者与非形式)

五、实验电路图:(根据图 3.5.2 画实际接线图,标注各芯片所用的引脚标号)

六、实验数据:

表 3.5.1 真值表

计数脉冲	Q_2	Q_1	Q_0
0	0	0	0
1			
2			
3			
4			
5			
6			
7	0	0	0

表 3.5.2 逻辑功能表

计数脉冲	Q_2	Q_1	Q_0
0	0	0	0
1			
2			
3			
4			
5			
6			
7	0	0	0

4 电子工艺及综合实训

随着现代科技的快速发展，无论是在工业生产中，还是在日常活动中，电能已成为人们的必需品，它是现代生活的重要组成部分。电能如果应用得好，正确合理地使用它，不仅可以成为生产和生活当中的催化剂，为人类造福，还可以减少污染、保护环境，如果电能使用不当，也可能造成灾难和事故的发生，所以，对电能的正确使用是极重要必备技能。安全用电知识能够告诉大家如何正确使用电能，如何预防触电事故的发生。只有掌握了安全用电知识，安全地使用电能，才能够让电能更好地为人类生产生活服务，创造价值。

4.1 安全用电常识

4.1.1 触电及其危害

触电通常是指人体直接触到带电体后，电流经过导电介质或空气通过人体时引起的皮肤、肌肉甚至心脏等组织损伤和功能障碍。可使人体感觉刺痛、麻痹、肌肉抽搐，打击感，严重时还会发生昏迷、心律不齐、窒息，甚至发生心跳和呼吸骤停，造成死亡的严重后果。

1. 触电的种类

触电的种类大致分为三种，分别为电击伤、电热灼伤、闪电伤。

电击伤：当人体触电时，电流通过人体组织，人体会表现出惊恐、面色苍白、出虚汗、表情呆滞，且有触电部位麻痹、头晕、心动过速和全身乏力等状况。造成人体呼吸系统、神经系统、循环系统障碍，甚至出现昏迷、持续抽搐、心室纤维颤动、心跳和呼吸停止，造成人员伤亡的严重后果。有些遭严重电击者当时症状虽不重，但在一小时后可突然恶化；有些人触电后，心跳和呼吸暂时停止，导致休克，因此要对触电者及时进行抢救。

电热灼伤：是指电流流经人体产生的热效应，而引起人体触电部位的外部伤害。电流流入皮肤的部位灼伤程度比电流流出皮肤的部位严重。灼伤皮肤呈灰黄色甚至是黑色的焦皮，中心部位低陷，感觉麻木。电流通路上的皮下组织、肌肉肌腱以及血管的灼伤较为严重。

闪电伤：当大气中大量的正电荷与负电荷接触时，会发生强烈的放电现象，这种现象所产生的强电流、高电压，具有很大的破坏力。当人被闪电击中的伤害称为闪电伤。遭受闪电伤，有可能造成心跳和呼吸立即停止，伴有心肌损害，皮肤血管收缩呈网状图案，在皮肤表面，常会有电热灼伤的现象，闪电伤其表现与高压电损伤较为相似。

2. 触电的形式

触电的形式大致分为三种，单相触电、两相触电、跨步电压触电。

(1)单相触电

当人体某一部位接触到电网中的某一相带电体时，电流通过人体流入大地形成回路，造成人体触电，这种触电方式称为单相触电。单相触电如图 4.1.1 所示。

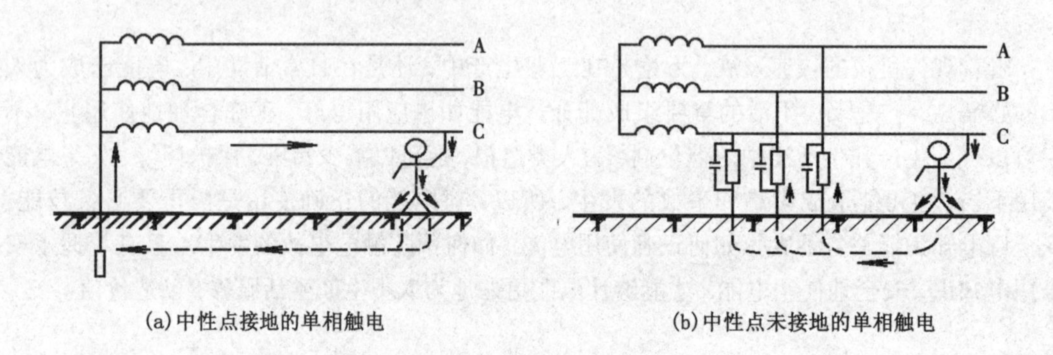

(a)中性点接地的单相触电　　(b)中性点未接地的单相触电

图 4.1.1　单相触电示意图

(2)两相触电

当人体的两个不同部位同时接触到带电体设备的两根相线时，电流从其中一根相线经过人体流经另一根相线时，形成了一个闭合回路，造成的人体触电方式，称为两相触电。两相触电如图 4.1.2 所示。

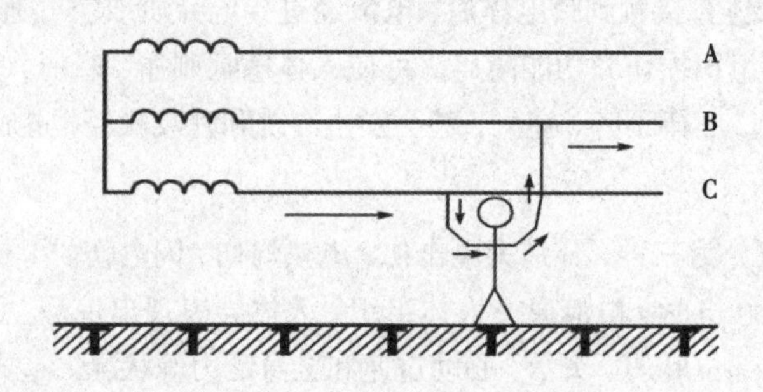

图 4.1.2　两相触电示意图

(3)跨步电压触电

当带电体(特别是高压带电体)发生接地故障时，电流将经过接地体流向大地，在以接地体为圆心、20 m 为半径的圆形范围内形成电场，从接地点向外电位也逐渐降低。距离接地故障点 20 m 以外的距离跨步电压基本为零，不会发生触电危险。如果此时有人在距离接地故障点 20 m 以内的范围行走，其两脚间(以 0.8 m 为计)将呈现出电位差，此电位差称为跨步电压。跨步电压触电如图 4.1.3 所示。

电流从距离接地故障点最近的一只脚，经过身体流经另一只脚，并与大地形成回路，造成跨步电压触电。此时，迈的步子越大，产生的跨步电压就越大，也越危险。这时，可以采用像兔子一样双脚同时跳跃的方式脱离事故现场，千万要保持平稳，不能跌倒。

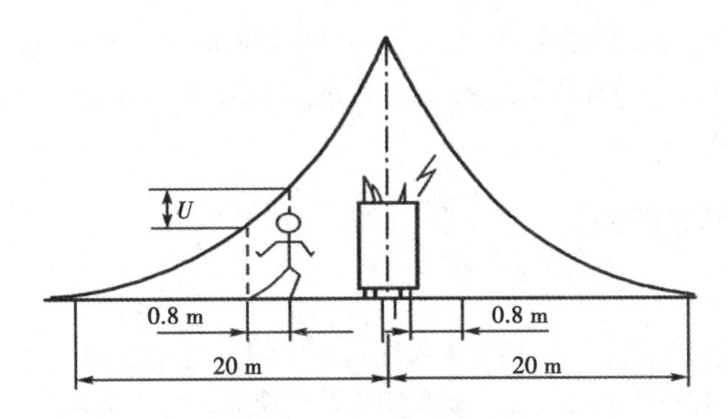

图 4.1.3 跨步电压触电示意图

4.1.2 安全常识

(1)安全电压

安全电压就是指操作带电设备人员在未有任何防护的情况下，不会发生触电危险的电压。我国规定的安全电压分为三个等级：12 V、24 V、36 V，根据不同环境使用不同的安全电压标准，总的来说就是在环境越差、湿度越高的地方，选择的安全电压就越低。

(2)电流与人体

电流在通过人体的时候，电流越大，人体的感受也就越明显，伤害也越大，工频在40~60 Hz 的交流电对人体最危险。工频交流电对人体的影响主要分为三个级别：

感知电流：人体可以感受到的最小电流，阈值在 0.5~2 mA；

摆脱电流：人体在接触到电流后可以自主摆脱的最大值，阈值在 10~30 mA；

致命电流：较短时间内，可以危及生命的最小电流，阈值在 30~50 mA

电流流经人体最危险的路径是从左手至脚，正常人体的阻值在 1000~2000 Ω 之间，根据不同的人和状态的不同，阻值不是一成不变的。

(3)触电急救

在发生触电事故时，施救者应保持冷静，不要惊慌，首先要切断电源。如果一时找不到或无法关闭电源开关，可使用绝缘物品使触电者摆脱电源；如果触电者倒地，可用木板等绝缘物品垫在触电者下面，使触电者与地面隔离开，施救过程千万不要用手直接接触触电者。

在发生高压触电事故时，一般物品未必能达到绝缘，不要用其来施救；还要防止跨步电压以及电弧带来的伤害，施救者首先要通知电业部门停电。如果电源开关在安全范围内，可以尝试用专业工具来关闭电源。

在触电者脱离电源之后，如果触电者已失去意识，甚至呼吸、心脏停止，要立即采用心肺复苏法进行抢救。心肺复苏法首先要使触电者气道畅通，然后再施以人工呼吸，同时采用胸外按压法来帮助触电者恢复呼吸和心跳，并迅速拨打急救电话。在触电者恢复呼吸和心跳前，一定要坚持抢救，直至医护人员的到来。不可以认为触电者没有反应就放弃急救。

(4)电气火灾消防

电气故障常常会引起火灾和爆炸。遇到电气火灾发生时，要第一时间迅速切断电源，如果找不到电源开关，无法切断电源时，千万不要用导电的灭火剂来灭火，比如：泡沫灭火剂。通常使用不导电的灭火剂灭火，如：二氧化碳、四氯化碳、干粉灭火剂，同时要防止灭火时发生触电的危险。

4.1.3 安全防护措施

(1)用电安全防护

防止触电是安全用电的根本，用电人员应认真学习安全用电知识，增强安全用电防范意识，严格执行安全用电的有关规定，彻底杜绝安全隐患。安全用电应注意以下几点：

① 遵守安全用电操作规程，严禁用手触摸带电的导线，严禁人体与带电体接触，容易发生触电事故的工作场所应采用安全电压。

② 设备的外壳要采取可靠的保护接地或接零，并安装自动断电措施。比如：短路保护、过载保护、欠压保护等，还要有一些声、光、红外、烟雾等报警装置。

③ 电器设备应具有良好的绝缘保护，设备与人员以及设备之间应具有可靠的安全距离，电器设备的房间应具有防雷装置，周围应设有屏障保护，比如：围挡、保护罩、保护壳等，可有效防止事故发生。

④ 电器设备操作人员的手和脖子不准佩戴金属饰品，使用带电设备时，应按规定穿戴好安全防护用品。比如：工作服、工作帽、工作鞋、绝缘防护手套、安全工具等。

(2)电器检修时注意事项

① 电器设备拆除送修后，对可能来电的线头应用绝缘胶布包好；检修电器设备时，应在电源开关处悬挂明显提示，如“有人工作，严禁合闸”的标牌。

② 检修前，必须检查工具、测量仪表和防护用具是否完好；检修时，应先断开电源，并用试电笔测试是否带电。在确定设备不带电后，才能进行检查修理。

③ 在安装或维修电器设备之前，要清扫工作场地和工作台面，防止灰尘等杂物侵入电器设备内造成故障。

(3)在实训时要注意的一些问题

除了上面几点，在实训的过程中还应着重注意如下问题。

在通电调试及维修电子产品时，要防止电路中能够引起发热的电子元器件造成的烫伤。烫伤在电子装配操作过程中时有发生，这种烫伤虽不会造成特别严重后果，但会给操作者带来伤害及损失。

在剪断印制板上电子元器件引脚时，不要将斜口钳的钳口朝向自己或他人，以免被剪断的引脚飞崩，造成伤害；在使用螺丝刀紧固螺丝时，应正确使用与螺丝相匹配的螺丝刀，不要使用蛮力，以免伤到自己及损坏电子产品。

因带电设备使用不当，造成绝缘损坏发生漏电，应立即停止使用该设备，及时维修后，才能再次使用。

带电操作场所严禁穿过为宽松的衣裤、拖鞋等；工作时应集中精力，不得在使用电烙铁时与他人说话。

4.2 焊接工艺技术

在电子产品的组装调试过程中，需要大量的焊接工作，焊接质量对电子产品的性能指标、使用寿命都有巨大影响。在现代工业生产中已经开始使用波峰焊、回流焊等焊接技术大批量地焊接电子产品。手工焊接技术是传统的焊接方法，比较适合小批量、小型化的产品生产，并且在产品调试、维修中，依然会被大量地使用，所以，手工焊接技术是电子类工程师的一项必备技能，本节将着重介绍手工焊接技术。掌握正确的手工焊接方法，正确地使用电烙铁、焊锡等焊接工具和焊料，避免虚焊、假焊和漏焊，这是一项实践性很强的技能，同时对电子产品质量起着非常重要的作用。

4.2.1 焊接工具

手工焊接就是通过加热锡铅焊料，在熔化成液态的焊料与助焊剂的作用下，使两个分离的固体相结合，形成牢固性连接的方法。手工焊接的基本工具是电烙铁，电烙铁的正确选择、使用及维护是电子产品焊接质量的基本保证，必须要熟练掌握这项基本技能。

1. 电烙铁的种类及构造

电烙铁根据不同的加热方式可分为直热式、感应式、恒温式、气体燃烧式等；按功率可分为 15、20、25、30、35、40、60、80、100 W 等多种型号；按作用还可分恒温电烙铁、吸锡电烙铁、热风焊烙铁等。电烙铁实物如图 4.2.1 所示。在这里将着重介绍直热式电烙铁，直热式电烙铁分为内热式和外热式两大类。

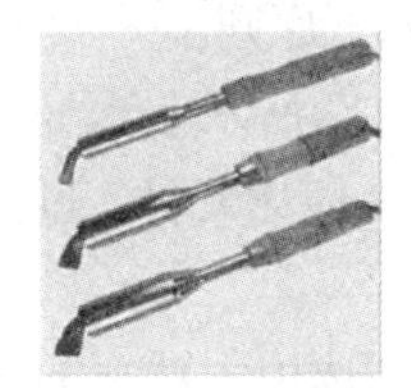
外热式电烙铁

内热式电烙铁

自动送锡电烙铁

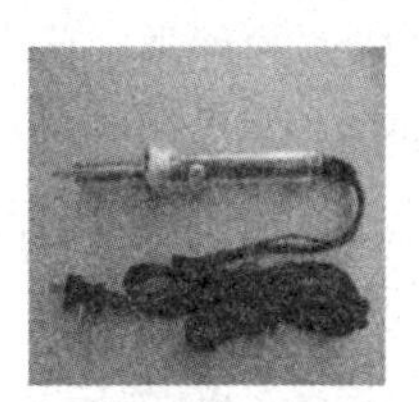
外热式调温电烙铁

恒温内热式电烙铁

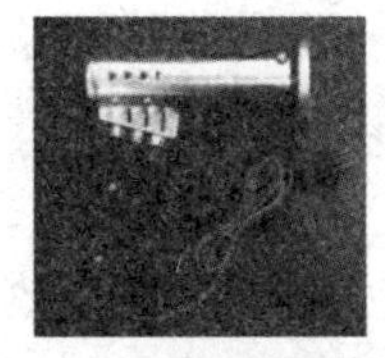
圆盘电烙铁

热风焊烙铁

台式恒温电烙铁

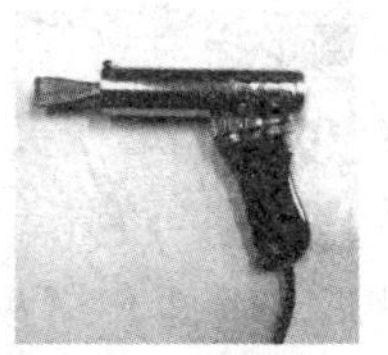
手枪式电烙铁

老式电烙铁

图 4.2.1 电烙铁的实物图

(1)内热式电烙铁

内热式电烙铁如图 4. 2. 2 所示。主要由烙铁头、烙铁芯、弹簧夹、连接杆、手柄、电源连接线等部分构成，烙铁芯为发热元件，安装在烙铁头的内侧，故称内热式电烙铁。它具有发热快、体积小、重量轻、耗电少的特点。内热式烙铁头一般是紫铜材质，热效率高。其常用规格为 20、35、50 W 几种。由于它的热效率高，20 W 内热式电烙铁就相当于 40 W 左右的外热式电烙铁，不过这样也有它的弱点，使用不当容易损坏电子元器件。

(2)外热式电烙铁

外热式电烙铁如图 4. 2. 2 所示。它主要由烙铁头、烙铁芯、连接杆、手柄、电源连接线等部分构成，烙铁芯是电热丝平行地绕制在一根空心瓷管上构成，电热丝与瓷管中间的云母片绝缘，烙铁芯安装在烙铁头的外侧，故称外热式电烙铁。外热式电烙铁的规格常用的有 15、25、30、40、60、80、100 W 等。它具有使用寿命长、工作温度平稳、体积较大、温升较慢的特点。外热式烙铁头内部为纯铜，外部是合金类金属起保护作用。

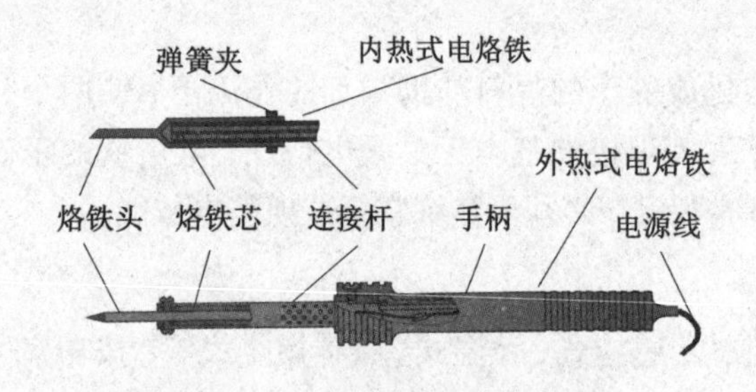

图 4. 2. 2　电烙铁的结构示意图

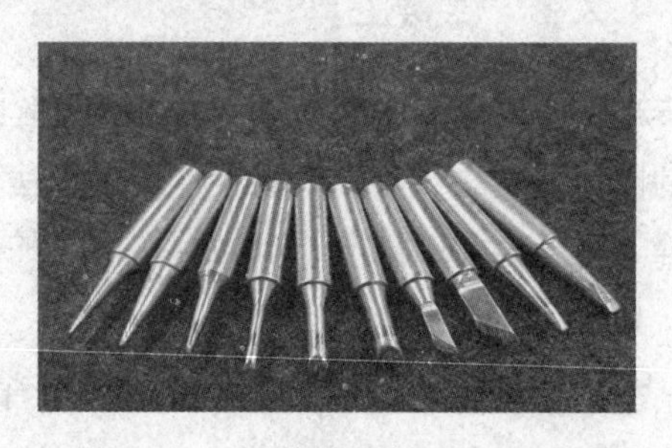

图 4. 2. 3　各种形状的烙铁头

2. 电烙铁的选用、维护和注意事项

电烙铁的选用从烙铁的种类、功率和烙铁头的形状几方面考虑应遵循以下原则。

① 依据焊接表面的形状大小和焊点的密度选择相应的烙铁头，如图 4. 2. 3 所示。

② 烙铁头顶端温度应比焊件加焊料熔化的温度高 50~80 ℃。过热容易损坏元件，过低影响焊接效率，易形成虚焊。

③ 对小型元件的焊接一般选用功率在 20~30 W 的电烙铁为宜。相反则选用大功率的电烙铁。

3. 电烙铁的维护

电烙铁的维护主要是指对烙铁头的维护。电烙铁在使用过程中，如果不是连续地使用，而是用一会儿放一会儿，烙铁头上聚集的热量就不容易散发，很容易让烙铁头表面产生一层氧化层，妨碍了热量的传导，严重的时候，还会让烙铁头吃不上锡。在这种情况下，就要对烙铁头进行处理。下面介绍两种处理的方法：第一种方法可以拿一张砂纸，上面放一些焊锡粒和松香粉末，然后让烙铁头在上面来回摩擦，就可以除掉氧化层，这种方法不必将烙铁头冷却，简单可靠；另一种方法需要拔掉电源，待烙铁头的温度冷却下来后，用锉刀把烙铁头表面的氧化层锉掉，再接通电源，烙铁头边加热边用熔化的焊锡镀在烙铁头的表面，形成薄薄的保护膜，然后才可以正常使用。

4. 电烙铁使用注意事项

① 新的电烙铁使用前要在烙铁头表面镀一层薄薄的焊锡，如果烙铁头因长时间使用而被氧化，一定要给烙铁头重新镀锡后再使用。烙铁头在使用过程中请保持清洁，并始终保持烙铁头表面附着一层薄锡。清洁烙铁头可以用湿布或潮湿的海绵擦拭。

② 对于外热式电烙铁的烙铁头温度可适当调节，用螺丝刀拧松烙铁头的固定螺丝，调节烙铁头露在烙铁芯外的长短来降低或升高其温度。

③ 电烙铁在通电后不能敲、磕，否则，烙铁芯容易损坏；使用中不准甩动电烙铁，以免熔化的焊锡珠溅出伤人。

④ 工作时，应将电烙铁放在烙铁架上，并摆放于操作台的右上方，不得随意摆放在其他位置，用完的电烙铁要及时放回烙铁架上；判断电烙铁温度时，应用电烙铁熔化松香的快慢来判断，不得用手或其他物品触摸电烙铁；电烙铁因使用时间过长造成不好用时，需要及时进行维护处理；电烙铁在使用过程中，严禁将电源线缠绕在烙铁上；要正确使用焊接辅助工具，如：斜口钳、螺丝刀、剥线钳、镊子等，严禁将焊接辅助工具移作他用。

5. 其他工具

在焊接操作过程中，除了主要工具电烙铁之外，还有其他的辅助工具来协助焊接操作，常用的有以下几种，如图 4.2.4 所示。

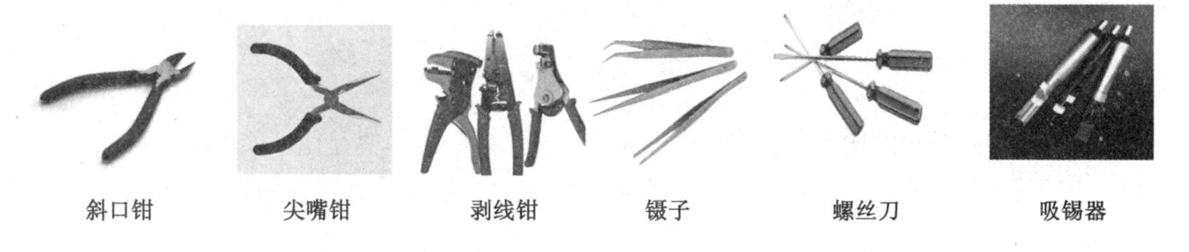

图 4.2.4 辅助焊接工具

① 斜口钳：斜口钳又称扁口钳，主要用来切断电子元器件过长的引脚和导线等。

② 尖嘴钳：尖嘴钳头部很尖，主要用来夹持元件的引脚、导线和对元件的引脚成型，尖嘴钳的塑料手柄破损后严禁带电使用尖嘴钳，且不要在高温的地方使用。

③ 剥线钳：是用来剥离导线的绝缘层的，剥线钳头分别有直径 0.5~3 mm 的多个圆形切口，可以用来剥掉不同线径导线的绝缘层，剥线时要选择比导线直径稍大一点的切口，以免伤到导线线芯。

④ 镊子：在焊接操作时用来夹持元件或元件引脚，夹持元件引脚还有辅助散热的作用，以免元件损坏。

⑤ 螺丝刀：主要分“一”和“十”字形两种，是用来拧螺丝钉的。

⑥ 吸锡器：主要在拆电子元件，尤其是拆集成电路引脚时使用。简单的吸锡器是手动式的，它的吸嘴通常都采用耐高温的聚四氟乙烯材料。塑料柄手动吸锡器的里面有一个弹簧，先把吸锡器末端的滑杆压入，直至听到“咔”的一声，则表明吸锡器滑杆被固定，此时吸锡器空腔内的空气已经排出。再将吸锡器贴在熔化的焊点上，按下吸锡器中间按钮，使吸锡器腔内形成负压，即可将已熔化的焊锡吸到吸锡器的空腔里。此动作可以反复操作，

直到焊锡被吸干净。

4.2.2 焊接材料

焊接材料包括焊锡和焊剂，其品质的好坏将直接影响焊接质量，从而影响电子产品的质量。

(1)焊锡

如果在焊接的过程中熔入第三种物质，这种物质是一种合金材料，将它称为“焊接材料”，简称焊料。它的熔点远低于被焊材料，焊料按组成的成分可分为锡铅焊料、银焊料、铜焊料等。熔点在 450 ℃以上的称为硬焊料，450 ℃以下的称为软焊料。在锡中加入一定比例的铅和少量的其他金属可制成熔点低、流动性好、耐腐蚀、机械强度高、导电性好、不易氧化、易结晶、焊点光亮美观的焊料，这种焊料也常被称作焊锡，如图 4.2.5 所示。它能使电子元器件引脚与印制电路板的连接点连接在一起，那个连接点也称焊盘。

焊锡丝

锡棒

图 4.2.5 不同形状的焊锡材料

锡铅焊料的材料配比不同，熔点也不相同，质量好些的焊锡是由 63%的锡(Sn)与 37%的铅(Pb)配比而成的，熔点在 183 ℃，焊锡的好坏对焊接质量有很大的影响，

(2)焊剂

焊剂根据作用不同，分为助焊剂和阻焊剂两大类。

助焊剂：助焊剂的作用就是增强焊锡的流动性，它可以去除引线和焊盘焊接面的氧化膜，并附着在焊锡与金属焊件的表面，使之与空气隔绝，防止金属在加热时氧化，同时可降低焊锡的表面张力，增加其扩散力，有助于焊锡润湿焊件。焊接完毕后，助焊剂也会覆盖在焊件表面形成隔离层，防止焊接面的氧化。手工焊接时用松香作为助焊剂，松香是半透明、略微发黄，类似琥珀颜色的一种物质，如图 4.2.6 所示。松香遇热会挥发冒烟，其主要成分是松香酸。

阻焊剂：是一种耐高温的涂料，它的作用是焊接时限制焊锡只在需要的焊盘上流动，将不需要焊接的部分覆盖保护起来，防止焊接过程中的桥接、短路发生；还可以使印制电路板受到的热冲击减小，防止起泡和分层、虚焊等。阻焊剂如图 4.2.7 所示。常见的印制电路板上的绿色涂层就是阻焊剂，它还能起到绝缘的作用。

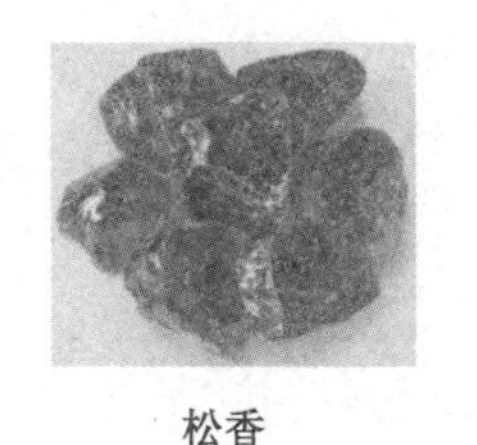
松香

松香制品

图 4.2.6 松香助焊剂实物图

阻焊剂制品

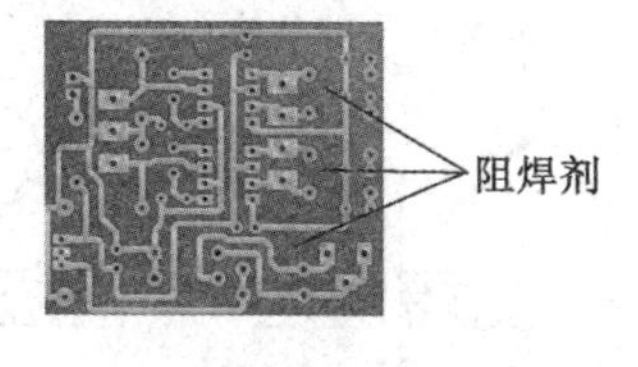

涂有阻焊剂的电路板

图 4.2.7 阻焊剂

4.2.3 手工焊接技术

1. 握持方法

为了使焊接牢固，又不因过热而损坏焊件周围的其他电子元器件及导线，视焊件的形状与位置，适当选择电烙铁的握持方法是十分必要的。

电烙铁的握持方法常用的有三种，分别是握笔式、正握式、反握式，如图 4.2.8 所示。

握笔式：这种握法使用的烙铁头一般是直的，适用于小功率电烙铁对小型电子元器件及印制电路板的焊接操作。

正握式：适用于弯烙铁头的焊接操作，或者直烙铁头在固定架上的焊接。

反握式：这种握法动作稳定，适用于大功率电烙铁焊接散热量较大的焊件。

手工焊接的焊料就是焊锡，常以焊锡丝的形式出现。焊锡丝的拿法有两种，如图 4.2.9 所示，分为连续焊接拿法和间歇焊接拿法。

(a) 握笔式

(b) 正握式

(c) 反握式

图 4.2.8 电烙铁的握持方法

(a) 连续工作时拿法

(b) 间歇工作时拿法

图 4.2.9 焊锡丝的握拿方法

2. 焊接方法

(1) 五步焊接法

正确的手工焊接方法分为五个步骤，如图 4.2.10 所示。

a. 准备施焊：将电烙铁和焊锡丝、焊件焊盘准备好（烙铁头及焊件的表面无氧化物，焊盘表面保持干净），手拿焊锡丝，随时处于可焊状态。

b. 加热焊件：电烙铁以和焊盘表面成 45°角的方向，将烙铁头放在焊盘与元件引脚的交接处，对其进行加热。散热较大的焊件需要多加热几秒，对单层印制板及小的电子元器件加热一般不超过 2 s。

c. 送入焊锡丝：从持电烙铁的对面，以和焊盘表面成 45°角的方向，将焊锡丝放在电烙铁、焊盘、焊件三者的交接处，不要将焊锡丝单独与烙铁头相接触。

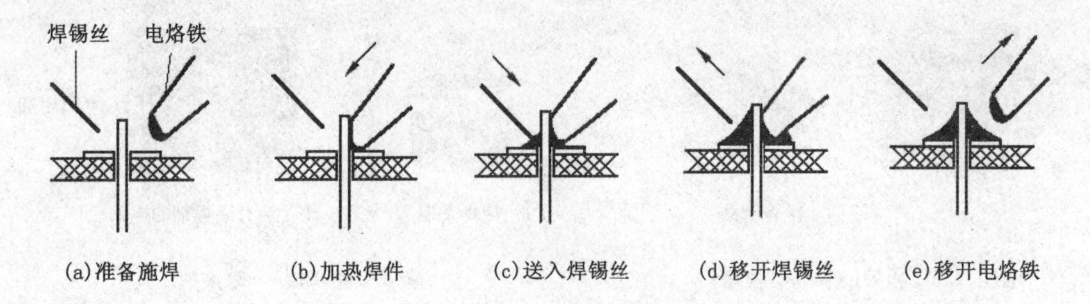

图 4.2.10 手工焊接五步法

d. 移开焊锡丝：焊锡丝遇热熔化，根据焊盘的大小，对焊接点的焊盘施以适量的焊锡，待铺满焊盘后，迅速将焊锡丝按其进入方向移开，并保持电烙铁不动，在焊盘上继续加热。

e. 移开电烙铁：焊锡丝移开后，电烙铁在焊盘上继续加热 1~2 s，待焊锡丝充分熔化，其产生像液体一样良好的流动性，将整个焊件引脚及整个焊盘覆盖，再将电烙铁从元件引脚根部向上一挑，移开电烙铁，移开的动作不用太大。电烙铁移开后，保持元件引脚及焊盘不动，直至焊锡冷却固化，以免形成虚焊、假焊。冷却固化过程也可以用嘴吹气，帮其迅速冷却。

(2)元器件焊接前准备与插装

外观检查：在焊接操作前，如果元器件引脚弯曲，要用工具或手将引脚掰直，轴向元器件的引脚应保持在轴心线上，或与轴心线保持平行。

除氧化层：元器件使用前要观察引脚是否氧化，如果已氧化，要用砂纸或镊子将氧化层除掉，氧化层不除干净会影响元件性能，并且容易造成虚焊、假焊。

引脚处理：元器件在安装、焊接前，一定要把元器件引脚，按照印制电路板上焊孔的尺寸要求，处理成型，如图 4.2.11 所示，以方便焊接。这里要注意，引脚弯曲半径不能过小，引脚弯曲处距元器件体要在 1.5 mm 以上，绝对不能从引脚根部开始弯折。

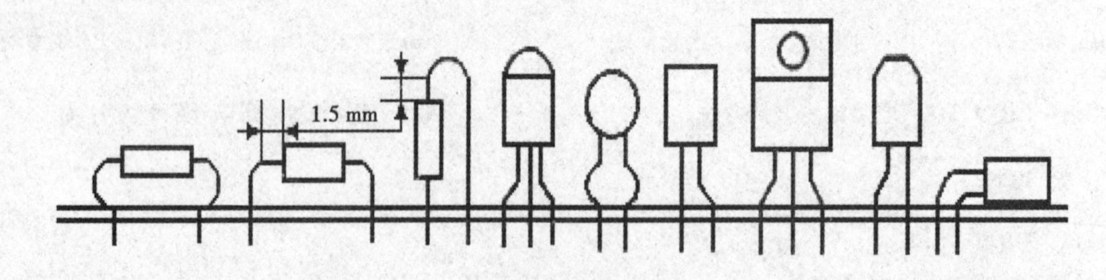

图 4.2.11 印制电路板上元器件引脚成型示意图

元件在插装时，可以卧式插装的采取卧式插装，没有卧式插装条件的可以采用立式插装。插装时应注意元器件的标称、字符方向尽量保持一致，容易识别；插装时尽量不要用手触摸元器件引脚及印制电路板上的焊盘，否则容易造成接触面氧化；为了防止插装在印制电路板上的元器件引脚脱出，可以将元器件引脚进行弯折处理，待焊接完成一个引脚后，再将弯折的引脚掰直，以便进行焊接操作。

(3)拆焊及重焊

拆焊：在电子产品的调试、维修过程中，经常会遇到更换电子元器件的情况，这个过程称为拆焊。在实际操作中，拆焊要比焊接难度更大，正确的拆焊方法省时省力，并能避免元件、印制电路板的损坏。因此，掌握正确的拆焊方法是极其重要的，拆焊过程还会用到电烙铁、吸锡器、排焊管、捅针、镊子等工具。

将电烙铁置于要拆下来的元器件引脚焊盘处，把焊锡熔化，再用吸锡器对准熔化的焊锡，接触焊锡表面，将熔化的焊锡吸走。露出干净的焊盘及元器件引脚，拔出元器件引脚。如果拆掉元器件后，焊盘尚有少量余锡将焊孔堵住，可以一边加热一边用镊子尖或捅针将焊孔通开，以方便重新焊接新的元器件，拆焊过程切忌用力过猛。

在拆焊盘上焊锡较少的元器件引脚时，往往需要再补充一点焊锡到焊盘上，再用吸锡器将整个焊盘上的焊锡吸走，这样拆焊的效果会更好，也更容易。如果拆焊时，焊锡未清除干净，焊件引脚依旧比较牢固，不要尝试用掰、拽、拧、摇、割的方式拆除引脚，以免损坏元器件及印制电路板。可以重复上述正确的拆焊方法，直至拆焊成功。

重焊：如果焊接了错误的元器件，或更换坏的元器件，以及焊点不合格时，都需要重新进行焊接。

(4)焊接质量要求及检查

① 虚焊、假焊的危害及原因：焊点的焊接质量将决定着电子产品的使用寿命及可靠性。一个虚焊、假焊可能会造成电路的工作不稳定，时好时坏，没有规律可言，使维修检查不能彻底，难以查找问题，具有重大的隐患。有的虚焊、假焊可能暂时未对电路造成影响，电路整体也可以工作，但是工作一段时间之后，经过温度、湿度、震动等环境变化的影响，就会让虚焊焊点的物理性能、焊点强度及氧化度都会发生变化，直至虚焊的焊点损坏，使整机的使用寿命严重缩短。

导致虚焊、假焊的原因有以下几种。

a. 焊接时，在移走电烙铁后，焊盘上的焊锡尚未凝固，焊件引脚松动。

b. 焊接操作时，焊件及焊盘表面不干净，有氧化层附着，未能清除干净，或使用了不合格的焊锡和助焊剂。焊盘上焊锡的量太少，未能完全覆盖焊盘表面。

c. 烙铁头的温度过高或过低，过高容易使烙铁头、焊件引脚、焊盘过快氧化，过低会使焊锡熔化不彻底。

② 焊接的质量要求：合格的焊点如图 4. 2. 12 所示，一个好的、合格的焊点应达到以下要求。

a. 具有光亮整洁的外形且表面下凹；以元器件引线为中心，焊锡呈匀称的裙形，焊点表面银白色，具有金属光泽。

b. 焊锡量比较适中，具有良好的导电性和机械性能，不会轻易松动、脱落，导致元器件损坏。

c. 焊点周围无助焊剂或杂质，焊盘干净整洁。

③有缺陷的焊点形状，如图 4. 2. 13 所示，造成有缺陷焊点的原因如下。

a. 焊锡用量过多。多见于刚开始进行焊接练习时。这是因为对烙铁头的温度、焊接时间及焊锡的量没有掌握好。

图 4.2.12 标准的合格焊点示意图

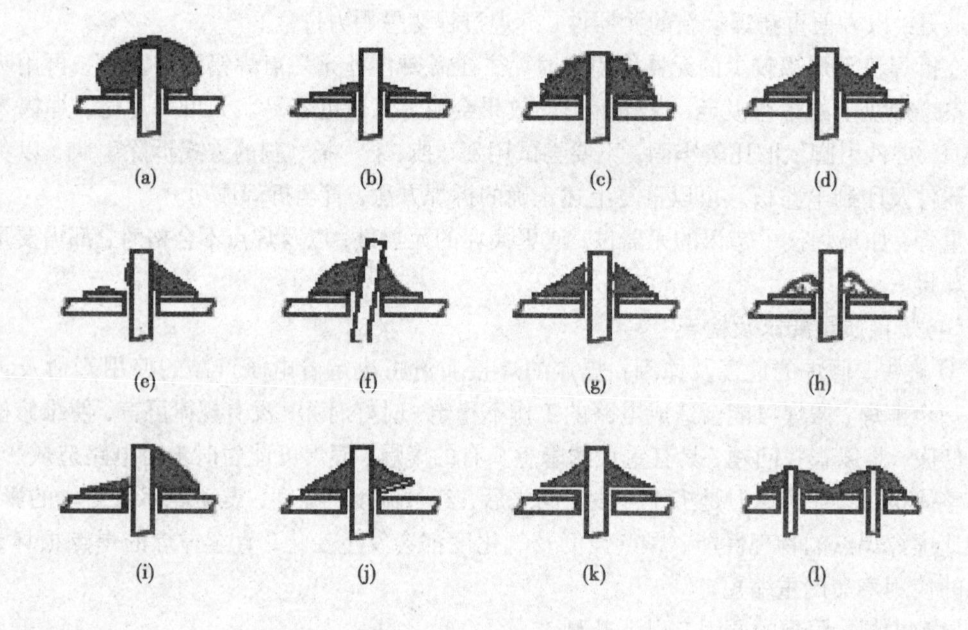

图 4.2.13 几种有缺陷的焊点示意图

b. 焊锡用量过少。也多见于焊接练习初期，原因同上。

c. 焊接的时间不够。原因是电烙铁过早移开焊盘，造成焊锡未完全熔化，没有产生充分的流动性。

d. 出现拉尖现象。主要是烙铁头温度过高，助焊剂蒸发过快，移开电烙铁方向不正确。

e. 焊锡用量少，焊锡分布不均匀。流动的焊锡会往烙铁头的方向聚集，可以适当转动烙铁头的方向。

f. 焊接件引脚未垂直于焊盘，使焊锡堆积在一侧。调整元器件引脚，使之与电路板垂直后再施焊。

g. 元器件引脚在移开电烙铁后，焊锡尚未完全凝固前产生了晃动。

h. 电烙铁温度过低。不能给焊锡连续传导热量，很难熔化焊锡，应调整烙铁头温度。

i. 元器件引脚或焊盘有氧化层，应清除干净再进行焊接操作。

j. 焊接时间过长，铜箔从印制电路板上剥离。应减少焊接时间，如果没有焊好，等焊盘冷却后再施焊。

k. 焊盘上有氧化层或焊接时间短造成的，经外力作用，使整个焊点及引脚从焊盘上剥离开了。

l. 由于焊锡过多或焊接时电烙铁倾斜角度过大，造成相邻元器件引脚搭接，会使电路出现短路故障。

4.3 印制电路板的设计与制作

印制电路板(printed circuit boards，PCB)，又称印刷电路板，简称印制板(敷铜板)，是电子工业生产中重要的部件之一。印制电路板的主要优点是大大减少布线和装配的差错，提高了产品质量和效率，降低了生产成本。印制电路板的设计与制作是学习电子技术的一门基本功。

4.3.1 印制电路板的基本知识

(1)印制电路板的材料

印制电路板的材料主要是由绝缘的基板和铜箔两部分构成的，就是将铜箔敷在绝缘的基板上面，再经过热压而成，印制板的材料常用的有以下几种。

① 环氧树脂板：由环氧树脂黏合玻璃纤维布而成，不透明，主要在工作温度和工作频率较高的无线电设备中用作印制电路板。

② 酚醛纸质板：由酚醛树脂黏合玻璃纤维纸而成，价格低廉，主要用作无线电设备中的印制线路板。

③ 聚四氟乙烯板：由聚四氟乙烯黏合玻璃纤维布而成，主要用作高频和超高频线路中的印制板。

(2)印制电路板的种类

根据印制电路的复杂程度不同，印制电路板分为单面印制板、双面印制板、多层印制板。

单面印制板：单面印制电路板如图 4.3.1 所示，是最基本的印制板，只有一面有印制电路。电子元器件、导线等安装在印制板的绝缘面(元件面)，焊盘、焊点、印制电路则集中在敷铜箔的板面(焊接面)上。

双面印制板：是指两面都敷有铜箔和印制电路的印制板，如图 4.3.2 所示。这类印制板，双面电路的电气连接是靠“过孔”来实现的。过孔是在印制板上，充满或涂上金属的小洞，它可以与两面的电路、导线相连接。因为双面板的面积比单面板大了一倍，从而解决了单面板中因为布线交错的难点，它适合用在较为复杂的电路上。

多层印制板：是由三层或三层以上的印制板压合而成的，如图 4.3.3 所示。多层板可有效地缩短导电通路，减少信号干扰，多层板的层数通常都是偶数，包含最外侧的两层，适用于更为复杂的电路中。

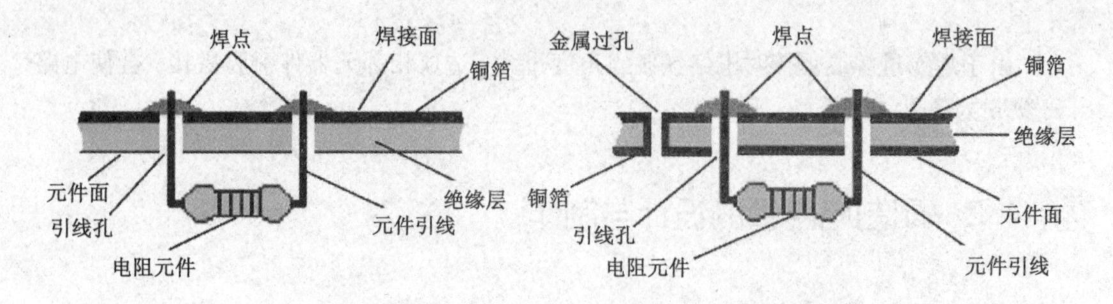

图 4.3.1　单面印制电路板的结构示意图　　图 4.3.2　双面印制电路板的结构示意图

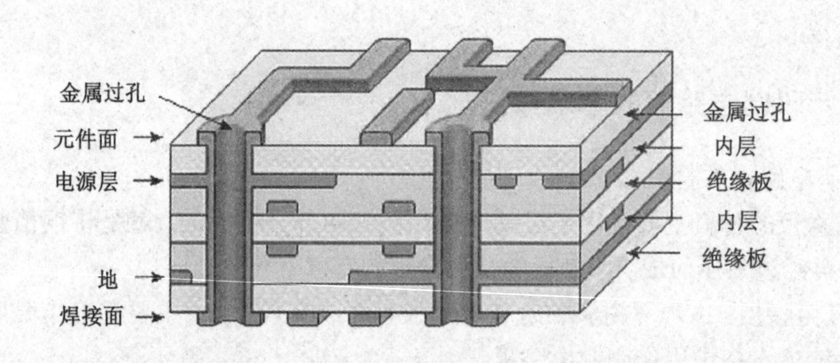

图 4.3.3　多层印制电路板的结构示意图

4.3.2　印制电路板的设计

印制电路板的设计就是将电路的原理图转换成印制电路板图的过程，依据每个人对电路原理的理解不同，会设计出各种不同的印制板图，具有很大的灵活性，但是所有印制板的设计图必须遵循正确性、合理性、可靠性、经济性的原则，并能够达到无自身信号干扰、焊装方便、牢固可靠、整齐美观的标准。本节将以单面板为例，介绍印制电路板相关的设计原则。

(1)印制电路板的设计准备工作

首先要依据印制电路板的机械性能和电气性能指标，来确定印制电路板的基板材料和基板的厚度。依据电子产品来确定印制电路板的外形，然后再依据电子产品的元器件数量和电气性能来确定印刷电路板的尺寸。

(2)印制电路板的元器件布局设计原则

根据电路原理图，确定电子元器件在印制板上的最佳位置(根据元器件大小、在电路中的相互关系，并考虑发热、干扰等情况，来确定元器件在印制板上的位置)。如果需要与电源或其他电路板连接，还要留出相应的接口位置。元器件在印制板上的排版布局有以下原则。

① 元器件在印制板上要尽可能地均匀、整齐分布，疏密一致；且元器件相互间不能交

叉分布，相互干扰。

② 所有元器件要布置在印制板的同一侧，并且保证其每一个引脚都有相对应的焊盘；元器件两端的引脚焊盘距离应稍大于元器件的长度。

③ 元器件排版不要铺满整个印制板，要与印制版边缘留有 2~10 mm 的距离。

④ 印制板的连接方式和元器件的位置分布要方便整机调试与维护，元器件的位置分布还要注意整机的重心平衡与稳定，兼顾美观整齐为宜。

⑤ 元器件在印制板上的排列方向尽可能保持一致。比如：电阻都采用“卧式”或“立式”排列，电解电容的正、负极均保持同一方向排列，元器件的符号、参数标示同方向等。

⑥ 同一电源的元器件应设计成尽量排放在一起。

⑦ 相互有影响或产生干扰的元器件应尽可能分开或采取屏蔽措施，发热部件应设置安放在靠近外壳或电子产品的后部，必要时可以加散热片或风扇等。

(3)印制电路板上的印制导线设计

所有元器件的电气连接都是靠印制板上的印制导线及焊盘来实现的，印制导线的布线合理性将对电路的性能产生至关重要的影响，比如：电路产生的交流声、自激振荡等，很多都是因为布线的不合理所致。印制导线的布线设计有以下原则。

① 印制导线要连接正确。

② 公共通路导线：是指电源线、地线，这些线将要连接每个单元电路，走线也最长，应在设计中预先考虑。

③ 布线要合理：印制导线间距不能过小，以免造成信号干扰，导线间距范围 1~1.5 mm，条件允许的情况下可以适当加大印制导线间距；印制导线要尽量简捷，元器件之间走线要尽量短、平滑。

④ 在设计时，应尽量避免印制导线的交叉：当有绕不过去的导线，不得不交叉时，可以采用绝缘导线跨接的方式。这种方式只能在万不得已时使用。

⑤ 印制导线宽度要合理：通常情况下，印制导线宽度的毫米数和载荷电流的安培数相等，也就是说 1 mm 宽的印制导线允许通过 1 A 的电流。印制导线宽度在 0.3~2 mm 可选，在印制板面积允许的情况下，印制导线可以采用较宽的导线，尤其是电源线、接地线和大电流的印制导线一定要适当加宽，以增加散热和减少干扰。

⑥ 印制导线的走向与形状：印制导线以短为佳，除了电源线、地线等特殊导线外，印制导线粗细要均匀，走线要平滑自然，避免印制导线分支。如图 4.3.4 所示。

(4)印制电路板上的焊盘设计

在印制板上，将元器件的引线通过焊接固定在焊盘上，元器件之间是通过印制导线和焊盘实现的电气连接。在焊盘的设计上，要遵循以下原则。

① 元器件引线孔的设计：引线孔直径不宜过大，比元器件引线直径稍大为宜。过大会造成焊锡量多，机械强度变弱，容易形成虚焊、假焊。

② 焊盘外径：焊盘外径应设计得比焊孔直径大 1.3 mm 以上为宜。焊盘过小容易造成焊不牢，焊盘断裂。

③ 焊盘的形状：焊盘可以有多种形状，常用的有岛形焊盘、圆形焊盘、椭圆形焊盘、开口形焊盘、矩形焊盘等。焊盘的设计在形式上也可以依据实际情况灵活变化，不必局限在

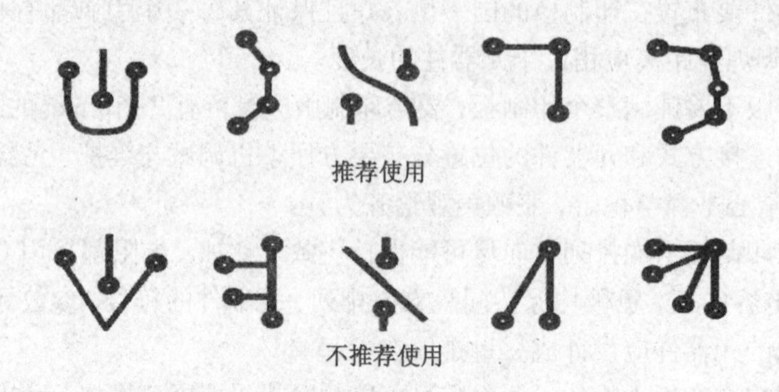

图 4.3.4　印制导线的走向与形状示意图

常用焊盘形状上，如图 4.3.5 所示。

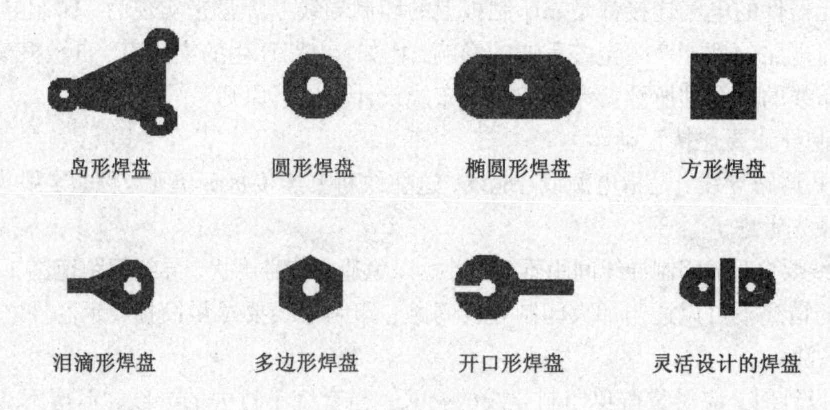

图 4.3.5　常见的焊盘形状示意图

(5) 印制电路板的干扰及抑制

印制电路板上的元件在布局时，需要考虑元器件之间、印制导线间、地线布设等易产生的电磁干扰、寄生耦合、共阻抗干扰，等等。比如在地线设计上，要尽量加粗接地线、单点接地，以及板内的地线布设都需要考虑周全。图 4.3.6 所示为电路整个单元各元器件接到公共地线上或接到一个分支地线上。

图 4.3.6　单点接地

(6) 印制电路板的综合设计

印制电路板的综合设计主要从以下方面考虑。

① 保证布局设计的合理性：合理的元器件分布、合理的印制导线分布，既能保证电子产品的电路功能和性能指标，又可满足电子工艺、维护检测的要求。

② 信号流原则：按照电路信号的流向安放相关功能电路的单元位置，使布局与信号的流向保持一致，避免了高低电平部分、模拟数字电路部分、输入输出部分的相互影响。在多数情况下，信号流向按从左到右或从上到下进行设计。

③ 就近原则：相关的电路要就近布设，避免绕线和交叉线的出现。

④ 布放顺序原则：先主后次，先大后小，先特殊后普通，先集成后分立。先主后次就是先在印制板上布设电路的主要元器件，再在其周围布设其他元器件；先大后小就是先布设体积较大的元器件；先特殊就是先要布设特殊的元器件，这类元器件主要具有电、磁、热或机械强度的特点，需要预先考虑布放的位置，以实现电路功能的最优化；先集成后分立就是先布设集成电路的位置，再考虑分立器件的位置。

⑤ 便于操作维护原则：需要调试的元器件周围应有足够的空间，比如电位器、可调电容、可调电感等在布设时，应放在方便调节的位置。

4.3.3 印制电路板的制作

印制电路板的制作主要分为工业制作和手工制作，这两种制作方式在制作机理上基本是一样的。在科技创作活动中、在电子爱好者的业余制作中或电子产品研制阶段，常常需要制作少量的印制板(敷铜板)，不适合大量制作生产，这就需要采用手工制作印制板的方法来制作。在这里着重介绍手工制作印制电路板的制作方法——描图蚀刻法。

(1)选择敷铜板，清洁板面

根据电路要求，选择合适的敷铜板，按实际尺寸进行裁剪，先用水磨砂纸将覆铜板的边缘进行打磨，去掉毛刺，使之光滑。再用水磨砂纸蘸水朝着一个方向打磨覆铜板的表面(朝一个方向打磨会使清洁后的敷铜板反光方向一致，看起来更加整洁美观)，再用去污粉擦洗，直至将敷铜板表面的氧化层除去，擦净擦亮，然后用水清洗，用干布将敷铜板擦拭干净。

(2)复印印制电路(也称拓图)

将设计好的印制电路板图用复写纸复印在已经清洁好的敷铜板上。复印过程要注意设计好的印制板图与敷铜板对齐，并用胶带纸粘牢，等到用复写笔描完整个印制板并检查无误后，再将其揭下来。这时，敷铜板上就有复制好的印制板图了，如图 4.3.7 所示。

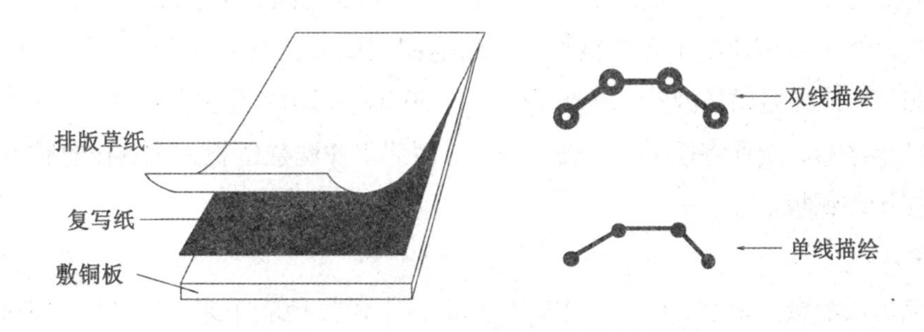

图 4.3.7 印制电路板拓图示意图

(3)调漆描图(描图防腐蚀层)

准备好黑色的调和漆，漆调得不能过稠，也不能过稀。另外，各种抗三氯化铁的材料都可以用作调和漆，比如松香酒精溶液、指甲油等。将调和好的描图液，用毛笔或直线笔在复印好的敷铜板上描图，可以先描焊盘再描线，最后再描大面积的导电图形。描点和线用直线笔，描大面积导电图形用毛笔。直至将敷铜板上需要留下来的铜箔全部涂上防腐蚀层，如图 4.3.8 所示。

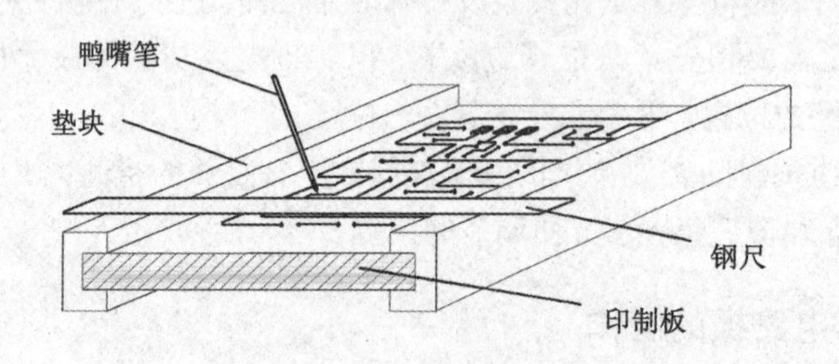

图 4.3.8　印制电路板的描图

(4)修整

描好的敷铜板要水平放置，让板上的描图液自然干透。然后，检查印制导线和焊盘是否已被描图液完全覆盖，如有缺口、断点应及时填充修补。再借助直尺、小刀将描好的印制板图沿着导线的边沿和焊盘的内外沿修整，使线条光滑、焊盘圆滑，以保证印制板图的质量。

(5)腐蚀

调制腐蚀溶液，腐蚀电路板。腐蚀溶液是用三氯化铁($FeCl_3$)加水配制而成(或用双氧水)的，三氯化铁是腐蚀印制电路板最常用的化学药剂。调制腐蚀液的比例为一份三氯化铁加两份水，调制时，要将两份水加入一份三氯化铁药剂中，搅拌均匀。调制好的腐蚀液放置在玻璃、陶瓷或塑料平盘容器里，不能放在金属容器中，以免发生化学反应。

将经过修整和核对无误的敷铜板放入腐蚀溶液中，腐蚀的速度是可以随腐蚀液的浓度、温度的变化而变化的，一般腐蚀液浓度在 28%~42%之间。为了加快腐蚀速度，可以轻轻晃荡或搅动溶液或使用毛笔在敷铜板上不断地刷拭，来加快腐蚀速度；也可适当增加三氯化铁的浓度，或加温腐蚀液，但温度不宜超过 50 ℃，否则容易损坏漆膜。待裸露的铜箔被完全腐蚀干净后，立刻将板子从容器中取出，用清水冲洗敷铜板，把残存的腐蚀液冲掉，再用干布擦干敷铜板。

(6)除膜

用温热水浸泡敷铜板后，可以将漆膜从敷铜板上慢慢地剥下来，未被剥下来的残存漆膜再用稀料或丙酮擦拭，铜箔电路就显露出来了。再用水清洗、干布擦拭干净。

(7)打孔

在腐蚀干净的敷铜板上打样冲眼，按样冲眼来定位焊盘孔，便于以后打孔时，不至于偏移位置。打孔时，在小型台式钻床上进行，选择直径(约为1 mm)合适的钻头在焊盘中心打出通孔。打好孔后用细砂纸轻轻擦拭敷铜板，直到光亮，再用干布将敷铜板上的粉末擦除干净。

(8)涂助焊剂

在敷铜板上涂助焊剂是为了便于焊接，保护铜箔，防止产生氧化，助焊剂一般用松香、酒精按1∶2的比例配制而成。具体是将松香研碎后放入酒精溶液中，密封盖严，待松香溶解后就可以使用了。首先，将处理干净的敷铜板用毛刷、排笔或棉球蘸上助焊剂均匀涂刷，然后将板放在通风处，等到助焊剂中的酒精自然挥发后，敷铜板上就会留下一层浅黄色透明的松香保护层，手工印制板的制作也即完成。

除了用描图蚀刻法制作印制电路板外，还有刀刻法、不干胶贴图法、转印蚀刻法等，在这里就不一一介绍了。

4.4 电子元器件的识别与检测

电子元器件是组成电子设备、电路最基本的部件，是电路中具有独立的电气特性的最小单元，电子元器件的种类繁多，性能各异。元器件在电路图中是一个抽象的图形文字符号，而在电子产品电路中，是一个外形尺寸各异，功能也各不相同的具体实物。

依据电子元器件的应用范围和不同领域，电子元器件有多种分类方法。按电路的功能划分，可以将电子元器件划分为分立器件和集成器件；按插装形式又可分为直插式和表面贴装式；按应用范围又可分为民品、工业品、军品三类。

本节从常用电子元器件的命名、分类开始，介绍元器件的主要参数、识别方法，一直到元器件的检测与选用，叙述电子技术的基本知识。

4.4.1 电阻

电阻(Resistor)是电子电路中最常用、用途最广泛的一种电子元器件，导体对电流的阻碍作用称为该导体的电阻。电阻在电路中的主要功能是阻碍电流的通过，在电路中的作用为分流、限流、降压、分压，与电容组合使用还可以用来滤波、阻抗匹配等。在交、直流电路中均可以使用。电阻用字母R来表示，电阻的单位是欧姆，用希腊字母“Ω”表示，它的单位还有千欧(kΩ)、兆欧(MΩ)，三者的关系为 $1\ \text{M}\Omega=10^3\ \text{k}\Omega=10^6\ \Omega$。

1. 电阻的分类及命名

(1)电阻的符号

电路中的图形符号如图4.4.1所示。

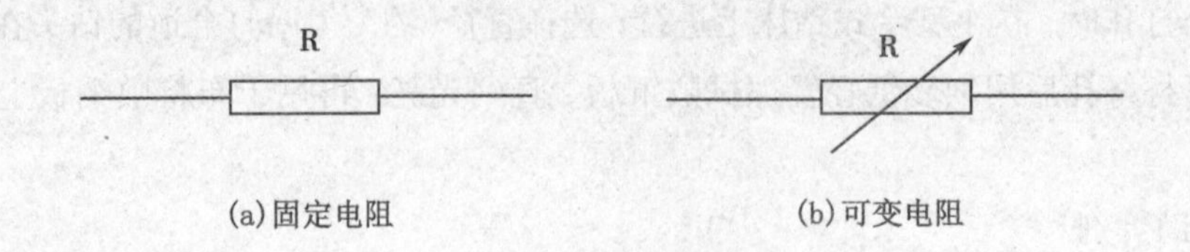

(a)固定电阻　(b)可变电阻

图 4.4.1　电阻的电路符号

(2)电阻的分类

电阻可分为固定电阻和可变电阻、敏感电阻等三大类，实物如图 4.4.2 所示。

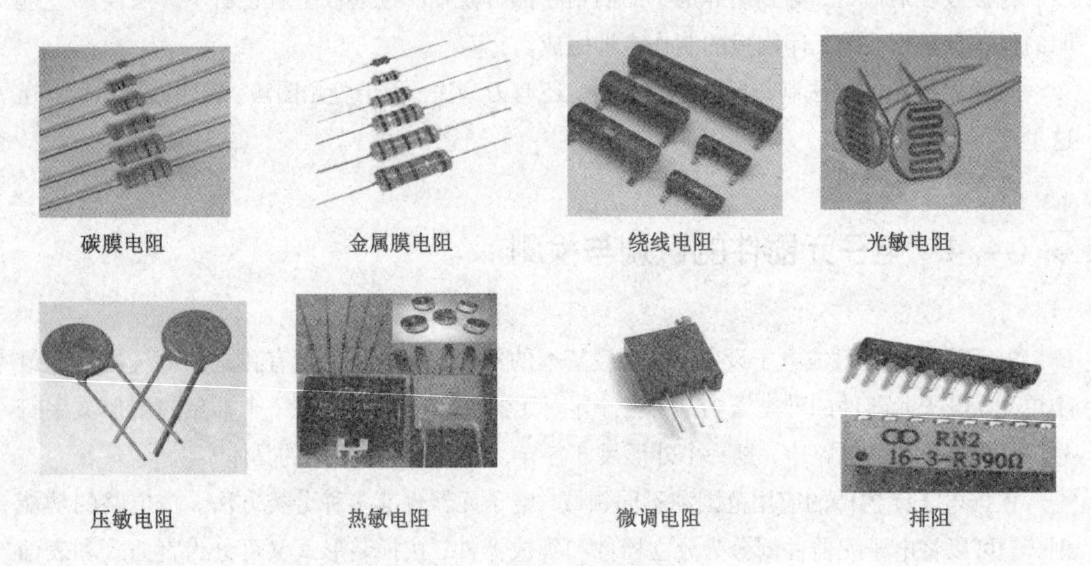

碳膜电阻　金属膜电阻　绕线电阻　光敏电阻

压敏电阻　热敏电阻　微调电阻　排阻

图 4.4.2　常用电阻的实物图

固定电阻：顾名思义，阻值是固定不变的，阻值大小即为它的标称阻值。固定电阻按其材料不同可分为碳膜电阻、金属膜电阻、绕线电阻等。

可变电阻：阻值是连续可变的电阻(包括微调电阻和电位器)。

敏感电阻：具有特殊作用的电阻。比如：光敏电阻、压敏电阻、热敏电阻等，这些电阻的阻值会随着光、压力、温度的变化而变化。

(3)电阻的命名方法

根据国家标准 GB/T 2470—1995 的规定，电阻的型号命名方法由四部分组成：第一部分，用字母“R”表示名称；第二部分，用字母表示材料；第三部分，用数字或字母表示分类；第四部分，用数字表示序号。表 4.4.1 列出了电阻及电位器的型号及命名方法。

表 4.4.1 电阻(电位器)的型号及命名

第一部分		第二部分		第三部分			第四部分
用字母表示名称		用字母表示材料		用数字或字母表示分类			用数字表示序号
符号	含义	符号	含义	符号	含义		含义
					电阻	电位器	
R	电阻	T	碳膜	1	普通	普通	包括： 额定功率 阻值 允许误差 精度等级等
W	电位器	P	硼碳膜	2	普通	普通	
		H	合成膜	3	超高频	_	
		U	硅碳膜	4	高阻	_	
		I	玻璃釉膜	5	高温	_	
		J	金属膜	6	_	_	
		Y	氧化膜	7	精密	精密	
		C	沉积膜	8	高压	特殊	
		N	无机实芯	9	特殊函数	_	
		X	绕线	G	高功率	_	
		R	热敏	T	可调	碳膜	
		G	光敏	X	小型	线绕	
		M	压敏	L	测量用	_	
		S	有机实芯	W	稳压式	微调	
				D	_	多圈	
				B	温度补偿	_	
				C	温度测量	_	
				Z	正温度系数	_	

示例：一个电阻为 RJ73-0.25-10K 型电阻的命名如图 4.4.3 所示。

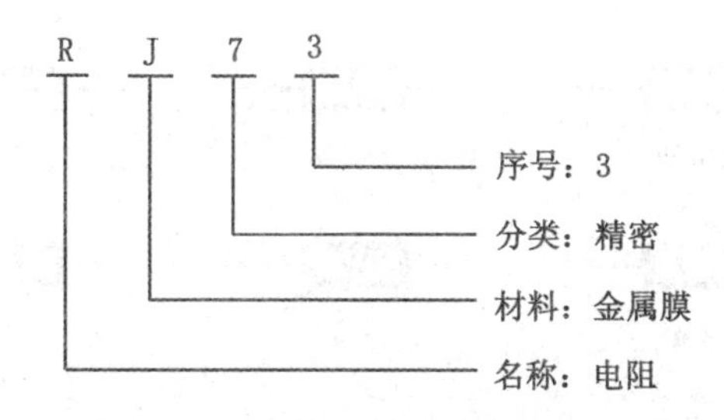

图 4.4.3 电阻的命名方法示例图

其中：R 代表名称(电阻)；J 代表材料(金属膜)；7 代表分类(精密)；3 代表序号；0.25 代表额定功率为 1/4 W；10 K 代表电阻标称值为 10 kΩ。所以它是一个阻值为 10 kΩ、额定功率为 1/4 W 的金属膜精密电阻。

2. 电阻的主要参数

电阻的主要参数有电阻的标称值、允许误差、额定功率和最大工作电压。电阻的标称值是指标注在电阻体上的阻值，由于工艺上的原因，电阻的标称值与实际值不可能完全相同，它们之间允许有一定的偏差范围，用电阻的标称值与实际值之差除以标称值，得到的一个百分数就是电阻的允许偏差，也称误差。误差值越小，说明电阻的精度就越高。电阻的标称值分为 E6、E12、E24、E48、E96、E192 等系列，分别适用于误差为±20%、±10%、±5%、±2%、±1%和±0.5%的电阻。普通电阻比较常用的是 E6、E12、E24 三个系列，如表 4.4.2 所示。

表 4.4.2　电阻标称值系列表

系列代号	误差	误差等级	电阻标称值×10^n（n 为整数）
E6	±20%	Ⅲ	1.0　1.5　2.2　3.3　4.7　6.8
E12	±10%	Ⅱ	1.0　1.2　1.5　1.8　2.2　2.7　3.3　3.9　4.7　5.6　6.8　8.2
E24	±5%	Ⅰ	1.0　1.1　1.2　1.3　1.5　1.6　1.8　2.0　2.2　2.4　2.7　3.0 3.3　3.6　3.9　4.3　4.7　5.1　5.6　6.2　6.8　7.5　8.2　9.1

最为常用的为 E24 系列，E48、E96、E192 系列为高精密电阻，误差小，精度高。使用时将表中的标称值乘以 10^n（n 为整数）可以得到该系列电阻的系列标称值，如 E24 系列中的 1.5 就代表有 1.5 Ω、15 Ω、150 Ω、1.5 kΩ、15 kΩ、150 kΩ 等标称电阻。

电阻的误差等级如表 4.4.3 所示。

表 4.4.3　常用电阻误差等级表

误差	±0.5%	±1%	±5%	±10%	±20%
等级	005	01	Ⅰ	Ⅱ	Ⅲ
文字符号	D	F	J	K	M

额定功率就是指在交直流电路中，电阻允许承受的最大功率。同一阻值，不同功率的电阻，功率大的体积也偏大一些。电阻额定功率的标注方法如图 4.4.4 所示。

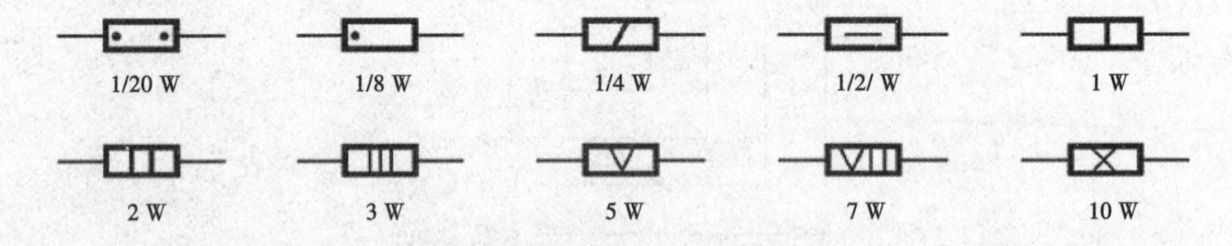

图 4.4.4　电阻额定功率的符号表示

常用电阻的额定功率有 1/8、1/4、1/2、1、2、3、5、10、20 W 等，最大工作电压就是指在正常工作条件下，电阻不发生击穿损坏或过热所能承受的最大电压，称为电阻的最大工作电压，也称耐压值。一般情况下，额定功率越大的电阻耐压值也越高，比如：1/4 W 的电阻耐压值为 250 V，1/2 W 的电阻耐压值为 500 V。

3. 电阻的识别

(1)普通电阻的识别方法

电阻的标注方法常用的有三种，分别是直标法、文字符号法、色环标注法。

直标法：将电阻的标称值和误差等级直接标注在电阻体上，小于 1 kΩ 的电阻直接将阻值的数字部分标注在电阻体上，不标单位。这种标注法优点是直观清晰，缺点是数字经过一段时间会有模糊、脱落的可能，不便维护。比如：200、±5%；1.5 kΩ、±10%。

文字符号法：将电阻的阻值和误差等级的指标用数字与文字符号标注在电阻体上，主要用在贴片等的小体积电阻上。比如：R68 表示的阻值是 0.68 Ω；4k7 表示的是 4.7 kΩ、误差为±10%的电阻等。

色环标注法：该标注法常用的有三环、四环标注法和五环标注法，普通电阻大多使用四环标注法，精密电阻大多使用五环标注法。以四环标注法为例：在电阻体上，有四种颜色的色环，紧靠电阻体端头的色环为第一色环，另一端的色环与电阻体端头距离会大于第一色环与电阻体端头的距离。首位色环的确定很重要，否则数值就会完全错误。颜色与数字标识的对应关系如图 4.4.5 所示。

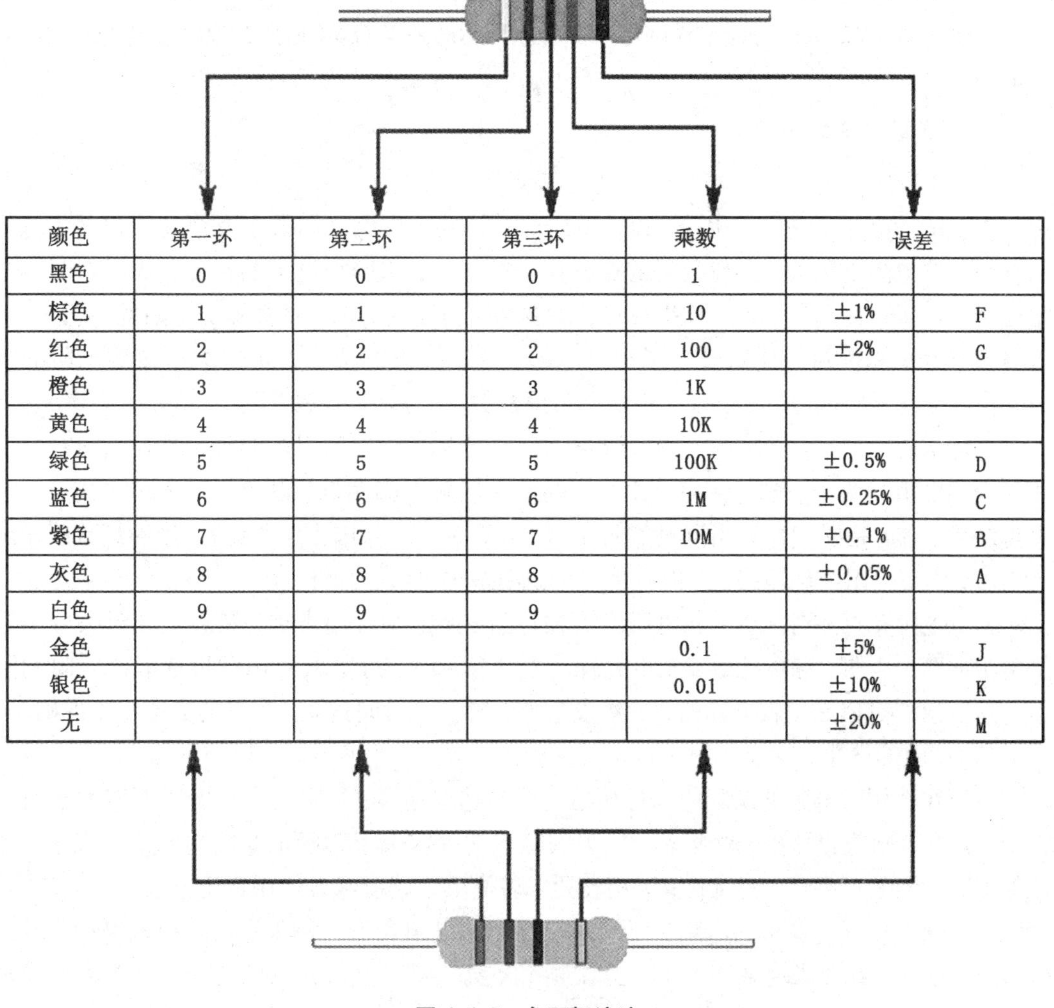

颜色	第一环	第二环	第三环	乘数	误差	
黑色	0	0	0	1		
棕色	1	1	1	10	±1%	F
红色	2	2	2	100	±2%	G
橙色	3	3	3	1K		
黄色	4	4	4	10K		
绿色	5	5	5	100K	±0.5%	D
蓝色	6	6	6	1M	±0.25%	C
紫色	7	7	7	10M	±0.1%	B
灰色	8	8	8		±0.05%	A
白色	9	9	9			
金色				0.1	±5%	J
银色				0.01	±10%	K
无					±20%	M

图 4.4.5　色环标注法

实际使用中色环与电阻两端的距离差别很小，需要仔细辨认确定第一色环。判断出第一色环后，依次为二、三、四色环，其中第一、二色环表示电阻值的前两位有效数字，第三色环表示 10 的倍乘数(10^n，n 为颜色所表示的数字)，第四色环表示电阻的误差等级。单位是 Ω。没有第四环的电阻，误差都是±20%。

四环标注法和五环标注法的区别：四环里的前两环为电阻的有效数字，五环里的前三位为电阻的有效数字，其他的没有变化。

(2)贴片电阻(SMD)的标注方法

贴片电阻一般为黑色，两端为银白色，在其上表面标有数字，用来表示电阻的阻值，通常有两种形式：三号码和四号码。

三号码标注法：用三个数字表示阻值的大小，前两位为有效数字，第三位为 10 的倍乘数(10^n、n 为整数)。它的误差范围为±5%。例如：

563 表示：$56\times10^3\ \Omega=56\ \text{k}\Omega$；472 表示：$47\times10^2\ \Omega=4.7\ \text{k}\Omega$；100 表示：$10\times10^0\ \Omega=10\ \Omega$。

四号码标注法：用四个数字表示阻值的大小，前三个数字为有效数字，第四位为 10 的倍乘数(10^n、n 为整数)，它的误差范围是±1%。例如：

1203 表示：$120\times10^3\ \Omega=120\ \text{k}\Omega$；1001 表示：$100\times10^1\ \Omega=1\ \text{k}\Omega$；5600 表示：$560\times10^0\ \Omega=560\ \Omega$。

4. 电阻的检测与选用

(1)电阻的检测

电阻的检测主要是针对阻值、误差范围和好坏几个方面。用数字万用表的相对应范围的欧姆挡测电阻的阻值，再与电阻的标称值进行比较，来确定电阻的精度，从而判断该电阻是否可以正常使用，是否达到指标参数的要求。测量时，预先估算被测电阻的阻值大小，再将数字万用表拨到与被测量电阻相适应的挡位，挡位的选取一定要大于被测电阻的阻值，但挡位也不能选的过大，以免影响测量值的精度。具体方法如下：

判断电阻的好坏：选择与电阻实际值相匹配的挡位，用万用表的红、黑表笔同时分别碰触被测电阻的两个引脚。注意，此时不要用手碰触引脚两端，以免引入人体电阻，影响测量结果，造成错误判断。当测量数值显示“∞”时，表明电阻内部断路；当测量数值显示“0”时，表明电阻内部短路，这两种情况都说明被测电阻已损坏。

检测电阻精度：当判断被测电阻没有损坏后，用数字万用表红、黑表笔同时去分别碰触电阻的两个引脚，保证接触良好，并保持静止 2~3 s，待数值稳定后再读取该电阻的阻值。这时的测量值是比较准确的，如果表笔与引脚接触时间过短，测量的数值将不准确。

(2)电阻的选用

电阻在选用时电阻的实际值与标称值的误差越小越好；电阻的实际电压不能大于它的额定电压，否则很容易被击穿损坏；电阻的额定功率应大于实际承受功率的 2 倍以上，才能保证该电阻的可靠性、稳定性；对精度要求较高的电路应考虑使用精密电阻。

对不同工作环境要求的电阻，要选择相匹配的电阻类型。例如：在高频电路中，应选用金属膜电阻；在要求耗散功率大、工作频率不高、精度要求高的电路中，应选用绕线电阻；对于电子元器件安装位置较宽的电路中，可以选择经济实用、体积较大碳膜电阻。

一般电路中，尽量选择通用型电阻，其种类多、价格低廉、型号齐全、便于维护。如果损坏也很容易找到替代品。

电阻的代用原则：金属膜电阻可以代替碳膜电阻，固定电阻可以与半可调电阻相互代替使用，阻值相同的大功率电阻可以代替小功率电阻(用作保险的电阻除外)。

5. 电位器

电位器是一种常用的电子元器件，也是电阻的一种，又称可调式电阻，在一定的阻值范围内可以连续调节电阻大小。在电子产品设备中，经常通过它调节阻值和电位，来控制电路的电流。比如：收音机中的音量控制，电视机中的对比度、亮度控制等。机械式电位器的结构：它有两个固定端，一个活动端，活动端可以在固定电阻体上滑动，类似于滑动变阻器，通过连接活动端和一个固定端，来实现其阻值在一定范围内可变。

(1)电位器的分类及命名

① 电位器的分类：电位器的分类方法有多种，按电位器的材料来分，可分为合金型、薄膜型、合成型、导电塑料型等；按调节方式分，可分为直滑式、旋转式；按用途分，可分为普通型、精密型、微调型、功率型等；按阻值变化分，可分为线性的、对数的、指数的；按结构分，可分为单圈电位器、多圈电位器，单联、双联、多联电位器，带开关电位器，锁紧和非锁紧电位器。

电位器的电路图符号如图 4.4.6 所示。结构示意图如图 4.4.7 所示。

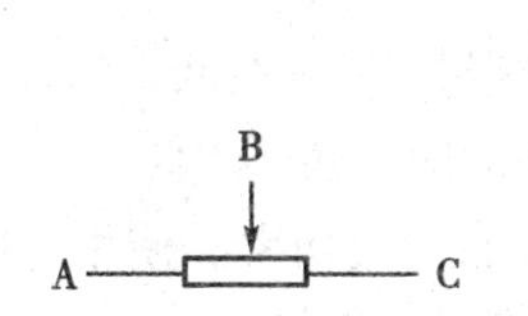

图 4.4.6　电位器的电路图符号

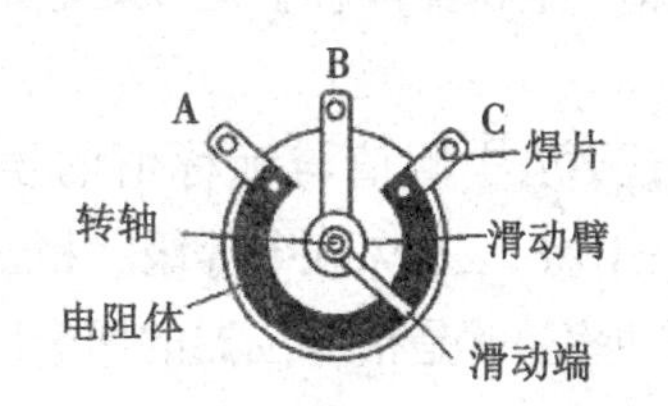

图 4.4.7　电位器的结构示意图

② 电位器的型号及命名方式与电阻相同，示例如图 4.4.8 所示：

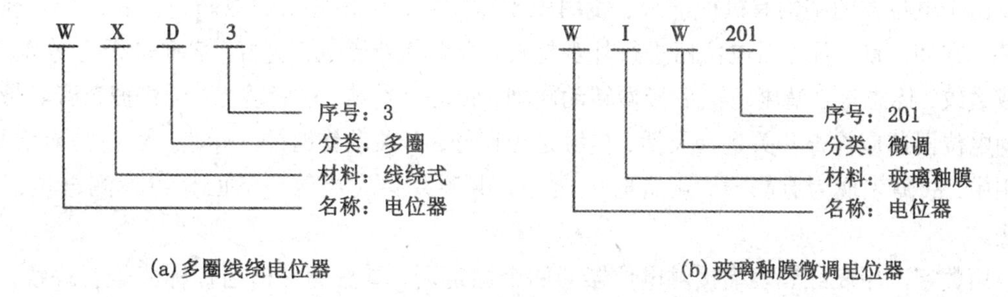

(a)多圈线绕电位器　　(b)玻璃釉膜微调电位器

图 4.4.8　电位器的命名方式示例图

电位器的实物，如图 4.4.9 所示。

图 4.4.9　几种常见的电位器实物图

(2)电位器的主要参数

① 标称值：电位器的标称值就是它的最大电阻值。其阻值范围在 0 至最大值范围内连续可调。

② 允许误差：实测值与标称值的误差，其范围根据精度的不同，允许误差有±1%、±2%、±5%、±10%、±20%五个等级。精密电位器的误差范围可达±0.1%。

③ 额定功率：就是指电位器的两个固定端允许耗散的最大功率。使用时应注意，固定端与滑动端所承受的功率要小于电位器的额定功率。

(3)电位器的检测与选用

① 电位器的检测：

由于电位器的结构有机械部分，使用中动作频繁，很容易出现故障，它是一个易损元器件。在使用前，首先对电位器进行外观检查，查看其外形是否完好，表面是否有锈迹、凹陷或裂纹，标志是否清晰。然后慢慢转动转轴，转动应平顺，松紧适当，无机械杂音。带开关的电位器还应检查开关是否灵活，接触是否良好，开关动作时的“咔嗒”声音是否清脆。使用中，故障表现为有噪声，声音时大时小，电源开关失灵等。下面介绍检测电位器的方法。

用数字万用表红黑表笔接触电位器的两个固定端，看看测试值与标称值是否一致，误差是否在允许范围内。

用数字万用表上合适的电阻挡测量电位器的实际阻值。将万用表的任意一个表笔放在电位器的一个固定端上，再将另一只表笔放在电位器的滑动端，并缓慢调节电位器。查看万用表数值变化是否平稳，数值是否有跳动现象，平稳变化的表示电位器的性能良好。

对于带开关的电位器，还要用万用表检测开关是否可靠。每次开关接通时，开关两端的阻值应为“0”，开关断开时，开关两端的阻值应为“∞”，且开关声音清脆，表明电位器开关正常。

检测电位器各端与外壳、转轴的绝缘电阻，正常值应为无穷大，否则证明电位器损坏。

② 电位器的选用：

根据电路的技术指标要求，选择合适的电位器。比如：对电路要求不高、工作环境较好的，可以选择碳膜电位器；如果电路的精度要求高、功率大，可以选择线绕电位器。

根据电位器阻值变化曲线不同，选择合适的电位器。比如：音量控制就选择指数式的电位器；音调控制就选择对数式电位器等。

依据电位器的主要参数，选择合适的电位器。比如：在更换电位器时，可以选择同型号的电位器进行更换，但功率不得小于原电位器的功率。如果没有同型号的，代用的电位器可以选择标称值略大或略小的进行更换。

4.4.2 电容

电容是由绝缘材料（介质）隔开的两个导体组成在一起的电子元件，它是一种储能元件，在电子设备中大量使用，起隔直流通交流的作用。广泛应用于隔直、耦合、滤波、旁路、调谐、储能、充放电电路中，在交、直流电路中均可以使用。通常用字母 C 来表示。电容的单位是法拉，简称“法”，用字母“F”表示，单位还有毫法（mF）、微法（μF）、纳法（nF）、皮法（pF），它们之间的关系如下：

1 法拉（F）= 10^3毫法（mF）= 10^6微法（μF）= 10^9纳法（nF）= 10^{12}皮法（pF）

1. 电容的分类及命名

（1）电容的符号

电路中的图形符号如图 4.4.10 所示

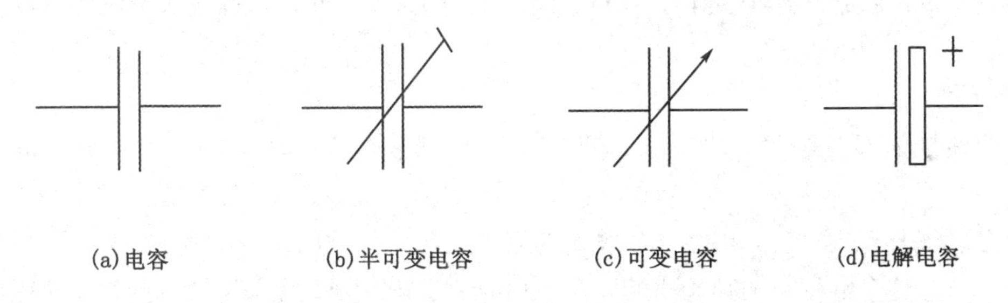

图 4.4.10　电容的电路符号

（2）电容的分类

电容的种类繁多，形式多样，电容按结构可分为固定电容和可调电容，可调电容又可分为半可调电容和全可调电容。电容按材料来分，可分为涤纶电容、纸介电容、瓷介电容、云母电容、电解电容、钽电容；按用途可分为旁路电容、耦合电容、滤波电容、调谐电容。常见电容的实物如图 4.4.11 所示。

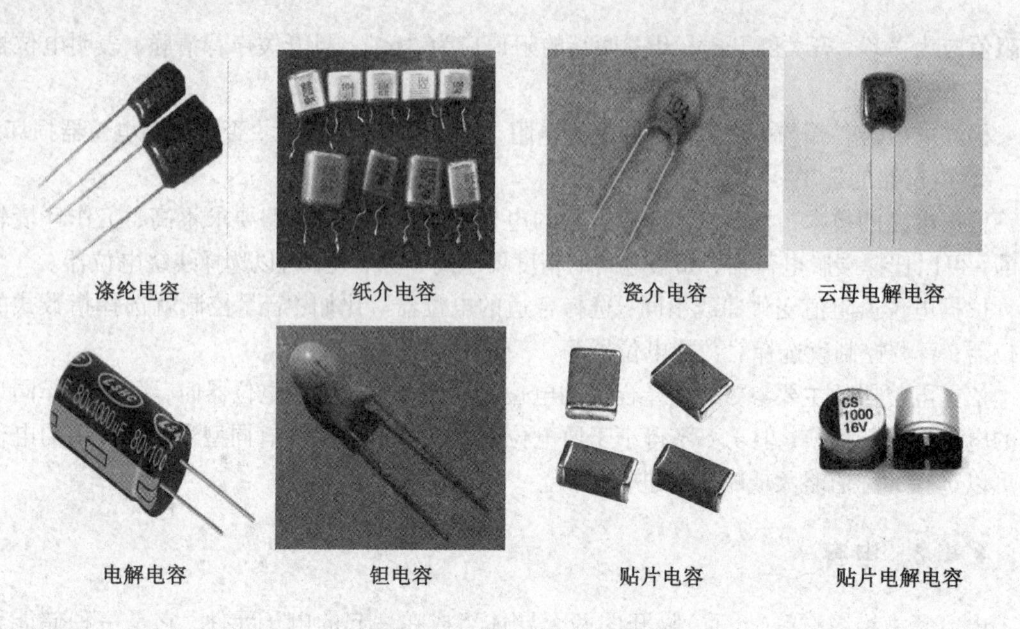

图 4.4.11　常见电容的实物图

(3)电容的命名

根据国标 GB/T 2470—1995 的规定电容的型号命名与电阻相似，由四部分构成，分别是：第一部分，用字母“C”表示名称；第二部分，用字母表示材料；第三部分，用字母表示分类；第四部分，用数字或字母表示序号。表 4.4.4 列出了电容的型号及命名方法。

① 示例 a：

一个标号为 CC11-250-103-±5%的电容，如图 4.4.12(a)所示，其表示的含义如下：

250 表示耐压值为 250 V；103 表示电容标称值为 10 nF；±5%表示允许误差范围是标称值的±5。所以，它是一个电容值为 10 nF、耐压值为 250 V、允许误差为±5%的圆片状高频瓷介电容。

② 示例 b：

一个标号为 CD11-25-100μF-±20%的电容，如图 4.4.12(b)所示，其表示的含义如下：

25 表示耐压值为 25 V；100 μF 表示电容标称值为 100 μF；±20%表示允许误差为±20%。所以，这个电容是耐压值为 25 V、电容值为 100 μF、允许误差为±20%的铝电解电容。

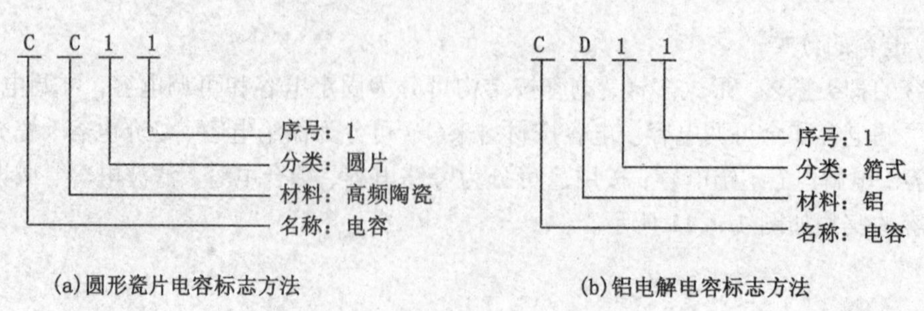

图 4.4.12　电容的命名方法示例图

表 4.4.4 电容的型号及命名方法表

第一部分		第二部分		第三部分					第四部分
用字母表示名称		用字母表示材料		用数字或字母表示分类					数字或字母表示序号
符号	含义	符号	含义	符号	含义				含义
					瓷介	云母	电解	其他	
		A	钽电解	1	圆片	非密封	箔式	非密封	
		B	聚苯乙烯等非极性薄膜	2	管形	非密封	箔式	非密封	
		C	高频陶瓷	3	叠片	密封	烧结粉固体	密封	
		D	铝电解	4	独石	密封	烧结粉固体	密封	
		E	其他材料电解	5	穿心	—	—	—	
		F	聚四氟乙烯	6	支柱	—	—	—	
		G	合金电解	7	—	—	无极性	—	
		H	复合介质	8	高压	高压	—	高压	
		I	玻璃釉	9	—	—	特殊	特殊	
C	电容	J	金属化纸	J	金属膜				包含：标称值、允许误差、直流工作电压、温度特性、品种、标准代号、尺寸代号等
		L	涤纶等极性有机薄膜	W	微调				
		M	压敏	X	小型				
		N	铌电解	S	独石				
		O	玻璃膜	Y	高压				
		Q	漆膜	D	低压				
		S	聚碳酸酯	C	穿心式				
		T	钛电解	M	密封				
		V	云母纸	T	铁电				
		Y	云母	Y	高压				
		Z	纸介	—	—				

2. 电容的主要参数与识别

(1)电容的主要参数

电容的主要参数有标称值、误差等级、额定电压、绝缘电阻等。

电容的标称值就是指电容体表面所标注的容量，一般固定式电容的容量对照电阻的相同系列有 E6、E12、E24 系列，表 4.4.5 列出了固定式电容的标称系列。使用时将表中的标称值乘以 10^n(n 为整数)可以得到该系列电容的系列标称值，单位为 pF。

表 4.4.5　固定电容值的标称系列

系列代号	允许误差	标称值系列	电容类别
E24	±5%	10　11　12　13　15　16　18　20 22　24　27　30　33　36　39　43 47　51　56　62　68　75　82　90	纸介电容、高频(无极性)介质电容、玻璃釉电容、云母电容
E12	±10%	10　12　15　18　22　27　33　39 47　56　68　82	瓷介电容、金属化纸介电容、复合介质、低频(有极性)有机薄膜介质电容
E6	±20%	10　15　22　23　47　68	电解电容

电容的误差等级就是指它的实际电容量与标称电容量之差再除以电容的标称值所得的百分比，也称电容的允许误差。这个允许误差范围称为精度。一般情况下，电容的容量越大，误差越大；电容的容量越小，误差也就越小。电容的误差等级见表 4.4.6。

表 4.4.6　电容的误差等级表

允许误差	±0.5%	±1%	±2%	±5%	±10%	±20%	±30%	+50%~20%	+100%~30%
误差等级	005 级	01 级	02 级	Ⅰ	Ⅱ	Ⅲ	Ⅳ	Ⅴ	Ⅵ
字母表示	D	F	G	J	K	M	N	P	S

电容的额定电压是指在正常工作范围内，电容两端所能承受最大的直流电压，也称耐压值。固定式电容的耐压值系列有：1.6、4、6.3、10、16、25、40、63、100、160、250、400、500、1000 V 等。

当对电容两端施加一定的电压后，电容就会被击穿，这时候的电压成为电容的击穿电压。一般情况下，电容的额定电压值为击穿电压值的一半。当电容的工作电压超过其额定电压时，电容有可能被击穿，电容一旦被击穿，将会造成电容的永久损坏。

如果电容两端加上直流电压，电容有电流流过，这个电流称为漏电流。将加在电容两端的直流电压和漏电流的比值，称为绝缘电阻，也称漏阻。理想情况下，电容的绝缘电阻应为无穷大，在实际使用中，电容的漏阻都很大，可以达到兆欧级，甚至是太欧级。电容的漏阻越大，漏电流就越小，损耗也越小，说明电容的绝缘性能越好。

另外还需要知道电容的容量会随着频率的升高而降低，这也是电容的频率特性。

(2)电容的识别

① 分立式电容标注与识别：分立式电容常用的标注方法有直标法、文字符号法、数码表示法、色环标注法等四种。

直标法：是将电容的标称值用数字和文字符号的形式在电容体上标注出来的方法。包括容量的标称值、额定电压、允许误差等，如果没有标注误差等级，则默认误差为±20%。例如：100 μF 表示 100 μF、6n8 表示 6800 pF。有些电容值用字母“R”表示小数点，比如：R47 表示 0.47 μF。

文字符号法：是用数字和文字符号有规律的组合，在电容体上标出其主要参数的方法。该方法将容量值的整数部分写在容量单位标识符的前面，小数部分写在容量单位标识符的后面；容量为整数，未标出单位的，单位默认为 pF；容量值带小数，未标出单位的，单位默认为 μF。比如：3p3 表示为 3.3 pF、3 表示 3 pF、0.1 表示 0.1 μF。

数码表示法：是在电容体上用三位数字来表示电容标称值的方式。一般情况下，体积较小的电容会采用这种表示法。具体为：三位数字的前两位代表电容值的有效数字，第三个数字表示10的倍乘数（10^n，n为第三位的数字），当n为9的时候，表示的是10^{-1}，而不是10^9的意思，单位是pF。比如：224代表22×10^4 pF=220000 pF=0.22 μF，339代表33×10^{-1} pF=3.3 pF。

色环标注法：是用不同颜色的色环或色点来表示电容标称值的方式，在小型电容器上应用最多。这种标注法与电阻的色环标注法类似，单位为pF。将三个颜色的色环从电容的顶部向其引脚部排列，上面两道色环为电容标称值的前两位有效数字，靠近引脚位的第三道色环为10的倍乘数（10^n，n为颜色所表示的数字）。

通常，瓷片电容、涤纶电容都是无极性的；电解电容是有极性的，它的长引脚为正极，短引脚为负极，并且负极引脚连接电容体的位置有灰色的标记和“-”号做标记，它的作用是便于维护、更换。

② 贴片式电容标的识别：贴片式电容通常有矩形和圆柱形两种。矩形电容应用最广，占贴片式电容的80%以上，多为独石电容。贴片式电容的标注方法与贴片电阻三号码标注法相似。

直标法：将标称容量及偏差直接标在电容体上，比如：0.22 μF±10%；若小数点前面是零的，常把整数单位的“0”省去，比如：01 μF表示0.01 μF；有些电容器也采用"R”表示小数点，如R47 μF表示0.47 μF。

数码法：用三个数字表示电容值的大小，前两位为有效数字，第三位为10的倍乘数（10^n，n为整数），单位为pF。比如：152表示1500 pF；2P2表示2.2 pF。

数字表示法：只标数字不标单位的直接表示法。此方法使用pF和μF两种单位。如电容体上标志“5”表示5 pF、“47 ”表示47 pF、“6800”表示6800 pF、“0.01”表示0.01 μF。对电解电容来讲，比如标志“1”表示1 μF、“47”表示47 μF、“220”表示220 μF。

贴片电容的允许误差用字母表示：有D — 005级 — ±0.5%；F — 01级 — ±1%；G — 02级 — ±2%；J — Ⅰ级 — ±5%；K — Ⅱ级 — ±10%；M — Ⅲ级 — ±20%等。

3. 电容的检测与选用

（1）电容的检测

电容的检测方法随着指针式万用表的淘汰、数字万用表的大量使用，让电容的检测变得简单起来，具体方法是：

将被测电容的两个引脚短接，进行充分的放电，以防测量数据不准或将数字万用表损坏；将数字万用表挡位调到电容“F”挡，并选择与被测电容相适应的量程上；将电容的两个引脚分别插入电容测试插座中；在万用表的液晶屏上读取数据（为了增加数值的准确性，等电容在测试插座中插入几秒钟，待数值稳定再读取数据。也可以多测试几回）。

用电容挡测量电容的容量，实际容量应在标称值的误差范围内，说明该电容良好；若容量值偏小超出误差范围，说明该电容容量已经减小或失效；若电容容量值偏大超出误差范围，说明该电容有击穿或漏电现象。

用电阻挡测量电容漏电阻，一般用电阻的最高挡来测。阻值越大越好，一般为无穷大。

带有极性的电解电容检测方法略有不同，具体如下：

首先测量容值，测量方法与无极性电容测法相同；然后判断其好坏，使用数字万用表的电阻挡(带蜂鸣)，可以很容易检测电解电容的质量好坏。

将数字万用表拨至电阻挡，用红、黑表笔分别与被测电容的两个引脚碰触，这时液晶屏上非常快地显示出溢出符号“OL”，然后将两支表笔对调测量一次，这时液晶屏上显示的数字迅速闪变之后变为溢出符号“OL”，同时发出蜂鸣声，说明被测电容的正反向充电过程正常，这说明被测电解电容基本是好的。

如果在两次交换表笔的测试中，只显示溢出符号“OL”，没有数字的由小变大闪变过程，说明该被测电容断路；如果上述测试过程中，液晶屏上均显示零或接近零，且蜂鸣器一直在响，说明被测电容器内部已经短路；如果液晶屏上显示的数字在迅速闪变之后不显示“OL”，而是一个总在变化的数值，说明该被测电容器漏电，此方法适用于测量0.1至几千μF的大容量电容器。检测电解电容器时须要注意，红表笔接的表内电池正极(带正电)，黑表笔接的是负极，这与指针表正好相反。

(2)注意事项

① 电容在测试前、后，都要将电容的引脚短接，进行放电，以免数据不准。

② 对于性能好的数字万用表，本身已对电容挡设置了保护，故在电容测试过程中，可以不考虑极性及电容充放电等情况。

③ 测量电容时，将电容插入电容测试插座，在转换量程时，复零需要时间，有漂移读数存在，会影响测试精度。

④ 测量时，不要用手碰触电容的引脚，造成数值不准确。

⑤ 有些电容是有极性的，测量时一定要注意。

(3)电容的选用

电容的种类繁多，功能各异，合理地送用电容对电子设备的性能指标影响巨大，不同的电路应该依据电路特点选择与其相适应的电容。比如：在电源滤波、去耦电路中，要选用电解电容；在高频高压电路中，要选择瓷介电容、云母电容；在用作隔直流时，可选择涤纶电容、电解电容等。

电容耐压值的选择：电容的额定电压一定要比实际工作电压大一倍，以确保电容在工作中不会轻易损坏。

允许误差的选择：在低频耦合电路中，电容的误差等级可以选择稍大一些的电容，一般在10%~20%可以满足工作要求；在振荡和延时电路中，电容的误差等级应选择稍小一些的，一般要小于5%。

电容的替换：在电容损坏需要更换时，有可能找不到原型号的电容，需要找其他的电容替换使用。替换原则：替换电容的容量要与原电容的容量基本相同；替换的电容耐压值要不低于原电容的耐压值；根据电路不同特点，选择替换电容的种类要合适。

4.4.3 电感

电感就是由漆包线一圈一圈地绕在绝缘骨架，制成的可以储存磁能的电子元件。漆包线是由金属裸线和绝缘层两部分组成，是金属裸线经过多次涂漆、烘焙而成。电感在电子设备中会经常使用，起通直流阻交流的作用，广泛应用于阻交流、耦合、滤波、调谐、补偿、振荡电路中。通常用字母 L 来表示。电感的单位是亨利，简称“亨”，单位用字母“H”表示，单位还有毫亨（mH）、微亨（μH）。它们之间的关系如下：

$$1\ 亨(H)=10^3毫亨(mH)=10^6微亨(\mu H)$$

1. 电感的符号

电路中电感的图形符号如图 4.4.13 所示。

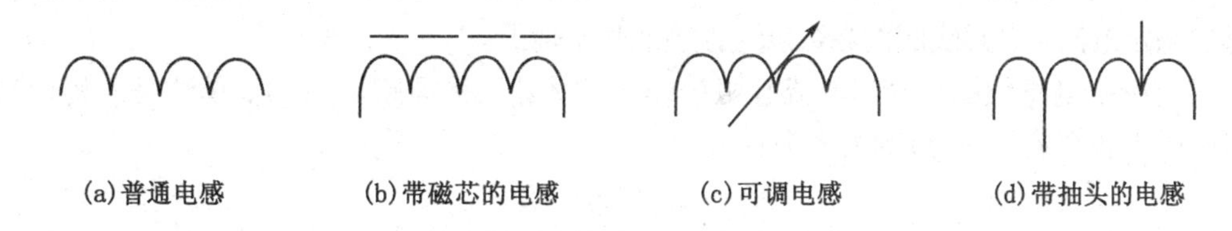

图 4.4.13　电感的电路符号

2. 电感的分类

电感可分为固定电感和可变电感两大类，按不同的类别可细分为多种类型：

① 按导磁材料：分为空心线圈、铜芯线圈、铁芯线圈、铁氧体线圈等。

② 按用途分：分为天线线圈、振荡线圈、偏转线圈、退耦线圈、稳频线圈、扼流线圈等。

③ 按绕线结构：分为单层线圈、多层线圈、蜂房式线圈等。

另外，还有磁芯线圈、可变电感线圈、色环电感、变压器等。

3. 电感的命名

电感的命名大部分指的是电感线圈的命名。在总的电感大类当中，电感的材质种类太多，并未有统一的命名方式，在其中的某一类中会有命名方式，比如中频变压器的命名方法，这里就不再一一介绍了。常用电感的实物，如图 4.4.14 所示。

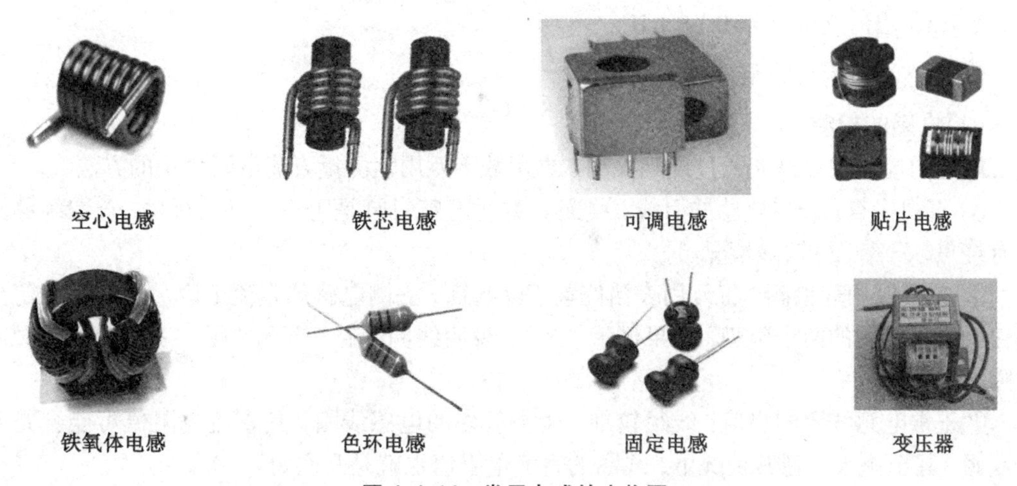

图 4.4.14　常用电感的实物图

4. 电感的主要参数与识别

(1)电感的主要参数

电感的主要参数有电感量及精度、额定电流、品质因数、分布电容、感抗等。

① 电感量及精度：电感量的大小取决于线圈的匝数、直径、有无铁芯等因素。线圈的电感量一般在 0.1 μH~100 H 之间。电感量的精度对于不同的电路要求，精度要求也不一样。比如对振荡线圈精度要求的就会高些，一般在 0.2%~0.5%范围内；对于耦合线圈精度的要求就不会那么高，一般在 10%~20%误差范围内。

② 额定电流：就是电感线圈在工作中允许通过的最大电流。如果实际工作电流超过了电感的额定电流，电感线圈的参数就会改变，甚至烧毁。

③ 感抗：电感线圈对交流电流起阻碍作用的大小，称为感抗(X_L)，单位是欧姆(Ω)。它与电感 L 和交流频率(f)的关系为：

$$X_L = 2\pi fL$$

④ 分布电容：指电感线圈的匝与匝之间、线圈与屏蔽罩之间、线圈与地之间以及线圈各层之间都会存在着寄生电容，这些电容就称为分布电容。分布电容的存在不仅降低了电感线圈的稳定性，还降低了品质因数，增加了损耗，所以，电感的分布电容是越小越好。分布电容与线圈在一起可以等效成由 L、R、C 组成的一个并联谐振电路，其谐振频率(f_0)为：

$$f_0 = \frac{1}{2\pi\sqrt{LC}}$$

(2)电感的识别

电感的识别与电阻、电容的识别方法基本相同，分为三种：直标法、色标法、数码法。

直标法：将电感的主要参数直接标注在电感外壳上，包括电感量、误差等级、最大直流工作电流等。

色标法：它的标注方法与电容的色环标注法相同，颜色与数字的对应关系和电阻的色环标注法相同，单位是微亨(μH)。例如：一个电感的色环标示为黄紫金银的四道色环，则它的电感标称值是 47×10^{-1} μH = 4.7 μH、±10%的允许误差。

数码法：此标注法与电容的数码表示法相同，单位是 μH。例如：222 表示 2200 μH；100 表示 10 μH；R68 表示 0.68 μH。

5. 电感的检测与选用

(1)电感的检测

电感的检测主要是先通过外观检测，再用数字万用表测量直流电阻大小的方法。

① 直观检查：查看电感的引线、线圈。看看电感引脚是否有松动、断裂，查看线圈是否有烧焦、发霉、生锈等情况。

② 数字万用表检测：将万用表挡位置于欧姆挡，去测电感的直流电阻。用红黑表笔分别接触电感线圈的两个引脚，如果显示“∞”，说明线圈开路；若为“0”，表明线圈有短路故障。

③正常电感线圈的阻值：线径较细、匝数较多的电感线圈，其直流电阻值可能会是几十欧姆，甚至更大。通常情况下，线圈的直流电阻值也就是几欧姆。

④ 绝缘检查：应检查线圈引出端与外壳或屏蔽罩的绝缘电阻值，正常应为兆欧级，否

则说明线圈绝缘不良。

(2)电感的选用

① 电感的选用主要是指电感线圈的选用，在选用时，要注意所选电感线圈要与电路的要求是否匹配。

② 更换时，要注意规格、型号、电感标称值是否与被替换的电感各指标一致。

③ 选择电感的额定电流要大于它的实际工作电流。

④ 选择电感时，要按工作频率的要求选择结构合适的线圈。

⑤ 选用时，要考虑线圈的骨架材料与线圈的损耗的关系。例如：在高频电路里应选用高频瓷作骨架，损耗小。

4.4.4 二极管

二极管又称晶体二极管，在电子电路中有广泛的应用，它是一种具有单向导电性的非线性元件，是由一个 PN 结加上相应的电极引线和外壳组成的半导体器件。二极管有两个电极，接 P 型半导体的引线叫正极，接 N 型半导体的引线叫负极，其电路符号如图 4.4.15 所示。二极管在电路中常用“D”来表示。

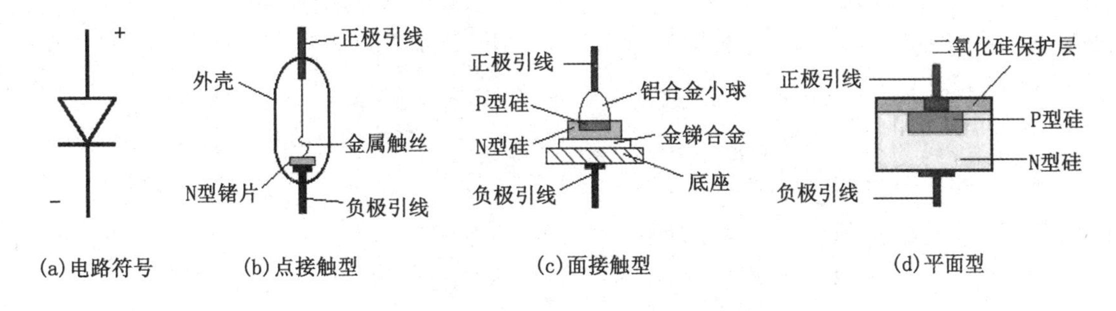

图 4.4.15 二极管的电路符号及结构

二极管的封装材料常用的有玻璃、塑料、金属、陶瓷等材料，以塑料封装居多，实物图如图 4.4.16 所示。金属封装主要考虑散热效果好，陶瓷封装主要考虑提高其高频性能。二极管在电路中主要用于整流、检波、稳压、开关等。

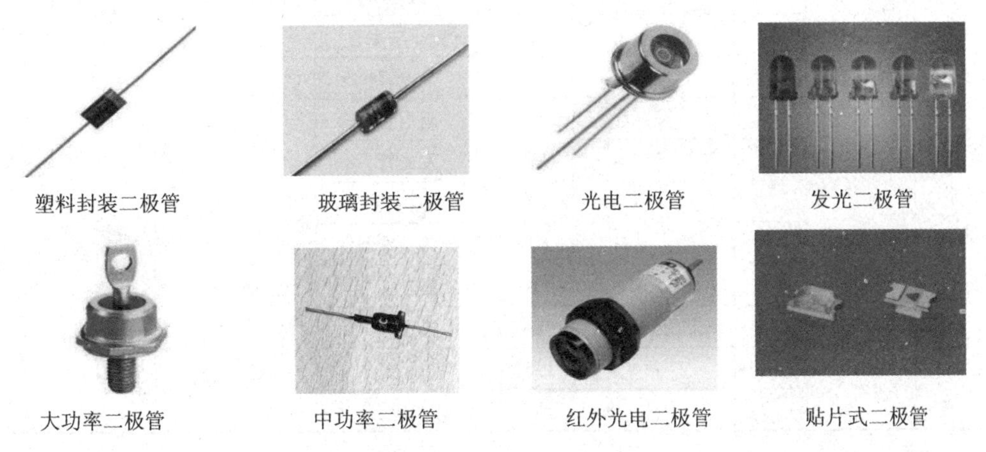

图 4.4.16 几种常见的二极管实物图

1. 二极管的分类及命名

(1)二极管的分类

二极管的类型很多，从制造二极管的材料来分，可分为硅二极管、锗二极管、砷化镓二极管等；按结构可分为点接触二极管和面接触二极管；按用途可分为整流二极管、稳压二极管、检波二极管、开关二极管、发光二极管、光敏二极管等。

(2)二极管的命名

二极管与三极管的型号命名是根据 GB/T 249—2017 的规定，由五部分组成，如表 4.4.7 所示。

示例：“2CW21D” 型为 N 型硅材料稳压二极管，序号为 21，规格号为 D。

表 4.4.7　国产半导体器件型号命名

第一部分		第二部分		第三部分		第四部分	第五部分
用数字表示器件的电极数		用字母表示器件的极性和材料		用字母表示器件的用途		用数字表示序号	用字母表示规格
符号	含义	符号	含义	符号	含义	含义	含义
2	二极管	A	N 型、锗材料	P	小信号管		
		B	P 型、锗材料	L	整流堆		
		C	N 型、硅材料	W	稳压管		
		D	P 型、硅材料	Z	整流管		
3	三极管	A	PNP 型、锗材料	K	开关管		
		B	NPN 型、锗材料	T	晶闸管		
		C	PNP 型、硅材料	V	微波管		
		D	NPN 型、硅材料	C	变容管		
		E	化合物材料	B	雪崩管		
				J	阶跃恢复管		
				G	高频小功率管		
				D	低频大功率管		
				A	高频大功率管		
				X	低频小功率管		
				U	光电管		
				N	阻尼管		
				EF	发光管		
				CS	场效应管		
				BT	半导体特殊器件		
				FH	复合管		
				S	隧道管		
				PIN	PIN 管		
				Y	体效应管		

2. 二极管的主要参数与识别

(1)二极管的主要参数

① 最大整流电流：就是指二极管正常工作时，能够通过的最大正向电流。

② 最高反向工作电压：就是指二极管在工作时所能承受的最高反向电压值。超过这个值，二极管就可能会被击穿损坏。

③ 反向电流：二极管在最高反向电压的作用下，流过二极管的反向电流，也称漏电流。反向电流的大小，反映了二极管的单向导电性的好坏，反向电流值越小越好。

④ 最高工作频率：二极管在工作状态可以保持良好工作特性的最高频率。

(2)二极管的识别

① 二极管具有单向导电性，二极管的识别主要是指极性上的识别。小功率的二极管负极会用一道色环作标记。

② 带引脚的二极管，通常是长脚为二极管的正极，短的引脚是负极。

③ 金属封装二极管的螺母通常为二极管的负极引脚。

④ 表贴式二极管，有引脚的长脚为正极；二极管表面有白色色环或者有缺口的一端为负极。

3. 二极管的选用

(1)类型的选择

按照不同的用途选择相适应的二极管。比如：用作整流就选择整流二极管；用作开关就选择开关二极管，等等。

(2)材料的选择

不同材料的性能指标也不同。比如：需要正向压降小点时，就选择锗材料的二极管；需要反向电流小点时，就选择硅材料的二极管。

(3)参数的选择

选择二极管时，二极管的主要参数一定要符合电路的要求。比如：二极管需要承受的反向峰值电压和正向电流不得超过额定值；对于带有电感元件的电路，反向额定峰值电压应选择比其工作电压大 2 倍以上，以防止击穿，等等。

(4)外形尺寸选择

根据电路的要求和电子设备的尺寸，来选择二极管的外形、封装形式、尺寸大小等。

4.4.5 三极管

三极管又称晶体三极管，它是将两个做在一起的 PN 结连接相应的电极引线，再封装而成的一个电子元件。在电路中起放大、开关的作用。它在家用电器等电子产品中应用极其广泛，它具有体积小、耗电少、结构稳定、寿命长等特点。三极管有三个电极，分别是基极 B、集电极 C、发射极 E，其电路符号及结构如图 4.4.17 所示。

1. 三极管的分类及命名

(1)三极管的分类

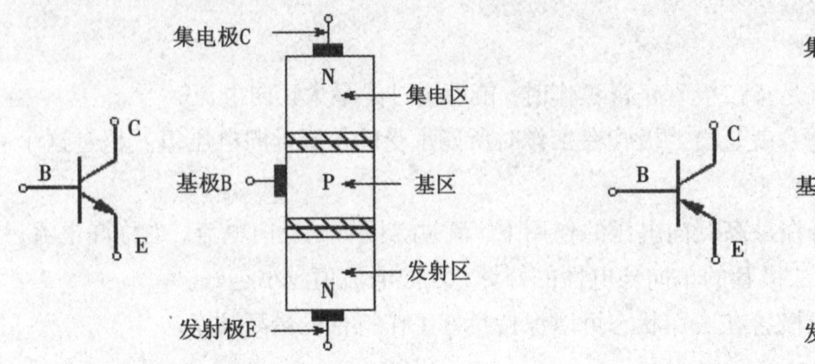

(a)NPN型三极管的电路符号及结构

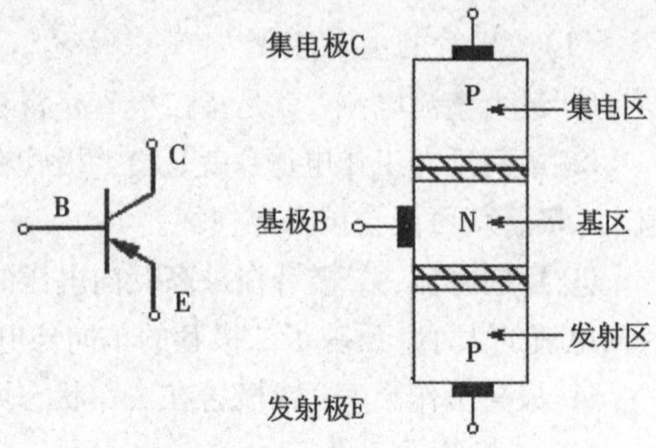

(b)PNP型三极管的电路符号及结构

图 4.4.17　三极管的电路符号及结构示意图

三极管的分类主要是从其应用上来划分。

① 按材料分，可分为硅管和锗管。

② 按导电类型分，可分为 PNP 型和 NPN 型两种，硅三极管多为 NPN 型，锗三极管多为 PNP 型。

③ 按工作频率，可分为高频管、低频管、开关管。

④ 按工作功率，可分为大功率管、中功率管、小功率管。

三极管的实物如图 4.4.18 所示。

小功率三极管

中功率三极管

贴片三极管

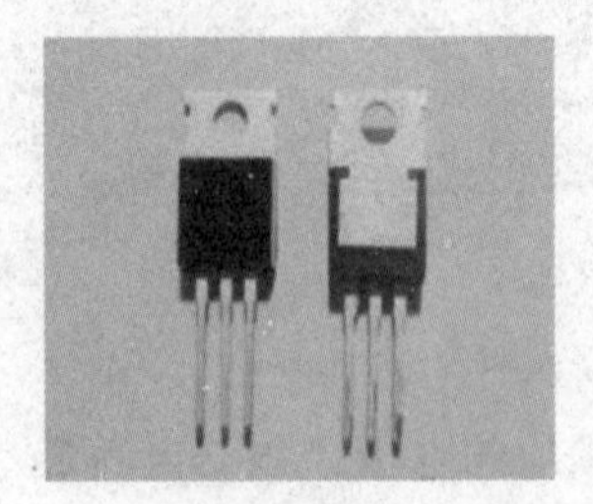

塑封三极管

光敏三极管

大功率三极管

图 4.4.18　几种常用的三极管实物图

(2)三极管的命名

三极管的命名方法和二极管的命名方法基本相同，具体可以参照二极管的命名方法。

示例:“3DG201B”型为NPN型锗材料高频大功率三极管,序号为201,规格号为B。

2. 三极管的主要参数与识别

(1)三极管的主要参数

① 共发射极直流放大倍数。指集电极直流电流与基极直流电流之比。

② 共发射极交流放大倍数β。β是指集电极电流与基极电流的变化量之比。β值越小,放大能力越差;β值越大,三极管的工作稳定性越差。

③ 特征频率。特征频率的大小反映了三极管的频率特性好坏。在高频电路中要选择特征频率较高的三极管。

还有其他的一些参数指标,比如:集电极最大允许电流、集电极-基极反向饱和电流、集电极-发射极反向饱和电流、集电极最大允许电流等。

(2)三极管的识别

三极管有塑料封装和金属封装两种形式,从封装外形上判断三极管的各个管脚极性:

① 将塑料外壳的三极管平面(有字的一面)朝向自己,管脚朝下,一般从左到右三个管脚依次为发射极E、基极B、集电极C。

② 金属外壳封装的三极管,管壳上带有定位器,将管脚朝下,从定位器开始,离定位器最近的管脚为发射极E,按顺时针方向,依次为基极B、集电极C。如果管壳上无定位器,将管脚面向自己,三个管脚所在半圆朝上,按顺时针顺序,三个管脚依次为发射极E、基极B、集电极C。

③ 对于大功率三极管按外形一般可分为两脚型和三脚型两种。两脚型三极管它的外壳是集电极C,将管脚面朝向自己,两个管脚置于左侧半圆,则上管脚为发射极E,下面管脚为基极B。三脚型的大功率三极管,将管脚面朝向自己,三个管脚置于左侧半圆,最下面管脚为发射极E,再沿着顺时针方向,依次为基极B、集电极C。

三极管的管脚必须要识别正确,如果将其错接在电路中,将会造成电路不能正常工作,还可能将其烧毁。

3. 三极管的选用

① 按用途选择三极管类型。比如:电路的工作频率主要为高频放大,要选高频管为宜;若需要三极管工作在开关状态,就应该选择开关管等。

② 根据电路要求,要选择满足电路要求、参数合适的三极管。比如:选择放大管时,三极管的放大倍数并不是越大越好,放大倍数过高,会引起自激振荡,影响电路工作的稳定性。

③ 极限参数高的三极管可以替换参数较低的三极管。

④ 高频、开关三极管在满足其他参数要求时,可以替换普通低频三极管。

⑤ 硅管和锗管在导电类型相同的情况下可以互换使用。

4.4.6 集成电路

集成电路就是利用半导体技术和薄膜技术将阻容元件和半导体器件以及布线连接在一

起，制作在同一个硅片上，然后封装在一起，成为具有特定功能的微型电路。也称半导体集成电路，常用IC来表示。集成电路具有体积小、重量轻、功能强大、成本低、可靠性高、电路稳定的特点。常见的各种不同形式的集成电路实物封装如图4.4.19所示。

图4.4.19　各种集成电路的封装图

集成电路的命名方式及引脚识别详见附2.1。

(1)集成电路的分类

集成电路按功能分，可分为数字集成电路和模拟集成电路两大类；按制造工艺分，可分为半导体集成电路、薄膜集成电路、厚膜集成电路、混合集成电路；按集成度分，可分为小规模集成电路(每片集成100个元件或10个门电路)、中规模集成电路(每片集成100~1000个元件或10~100个门电路)、大规模集成电路(每片集成1000个元件或100个门电路以上)、超大规模集成电路(每片集成10万个元件或1万个门电路以上)。

(2)集成电路的检测

集成电路的检测主要有电阻法、电压法、替换法、波形法等。

① 电压法：通过检测集成电路的各引脚对地的动态、静态电压来检测集成电路的好坏。对地电压的大小可参照另一个好的集成电路各引脚动、静态电压值进行比较，或是参考已知的集成电路的参考电压来判断。这个方法是集成电路检测的常用、实用方法。

② 电阻法：通过检测集成电路的各引脚对地电阻的变化来检测集成电路的好坏。对地电阻的大小可参照另一个好的集成电路各引脚电阻值进行比较，或是参考集成电路的参数指标来判断

③ 替换法：有些集成电路各引脚的动、静态电压，或电阻值虽然在正常范围内，但是并不代表集成电路的工作状态就能完全正常，那么就需要找一个规格型号相同的集成电路进行替换，如果替换后，电路工作正常，证明被替换的集成电路已损坏。

④ 波形法：用示波器检测疑似损坏的集成电路各引脚波形，查看波形是否与设计指标相符，如果不符，甚至出入较大，证明被测的集成电路已损坏。

集成电路在检测时，应注意如下问题：

① 在检测前，一定要了解集成电路的各个引脚的相关数据，包括它的功能、内部电路、作用，以及引脚的正常压降等。

② 掌握集成电路及外围器件所组成的电路的工作原理和功能，会使检测相对容易些。

③ 检测时，手拿仪器仪表的表笔一定要稳，如果测量时造成滑脱，有可能使集成电路的相邻引脚短路，损坏集成电路。

④ 不要轻易怀疑集成电路损坏。集成电路各引脚的电压不正常有可能是它的外围器件电压不正常造成的，不一定是集成电路的问题。

⑤ 测量集成电路各引脚的直流电压时，一定要选万用表内阻大于 20 kΩ/V 的万用表，这样测出来的数值比较准确。

(3)集成电路的选用及使用注意事项

集成电路的种类繁多，功能强大，在选用集成电路时，未使用过、不了解的集成电路一定要查看关于它的技术手册，看看是否符合所需电路的技术指标和参数要求。

集成电路的使用注意事项：

① 集成电路在焊接时，一定不要使用大功率的电烙铁，选择 40 W 以下的电烙铁为宜，并且焊接时间不能过长。引脚较多的可以先焊接一部分，间隔一会，再焊接另一部分，避免集成电路过热损坏。

② 使用功率集成电路时，一定要让它的散热良好，不带散热器或散热器过小，会造成功率集成电路的损坏。

③ 对于 MOS 集成电路要防止它的栅极静电感应击穿，焊接时电烙铁需可靠接地。

4.4.7 其他元器件

1. 开关

(1)开关的作用及电路符号

在电子电路中，开关的应用十分广泛，可以这样讲，每一个电器产品都会用到开关。开关在电路中起接通、断开和转换的作用。

开关的文字符号在电子电路中多用“S”来表示，在电气电路中用“SB”来表示。开关的电路符号如图 4.4.20 所示。

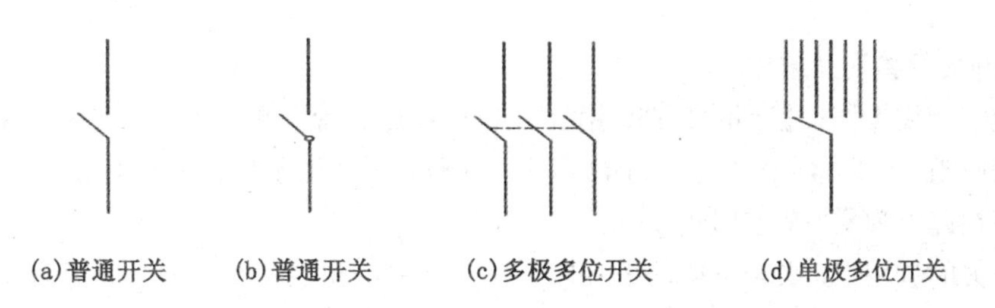

(a)普通开关　(b)普通开关　(c)多极多位开关　(d)单极多位开关

图 4.4.20 开关的电路符号

(2)开关的种类及主要参数

开关的种类繁多，大多数的开关采用的是构造简单、操作方便、实用可靠的手动式机械结构。随着技术的发展，各种非机械式结构的开关也在不断地出现，比如：气动式、电容式、霍尔效应式、高频震荡式开关等。按照机械动作方式，可分为旋转式开关、按动式开关、拨动式开关。其中旋转式开关包括波动开关、刷型开关等；按动式开关包括按钮开关、直键开关、船形开关、琴键开关、键盘开关等；拨动式开关包括钮子开关、滑动开关等；常用开关的实物如图 4.4.21 所示。

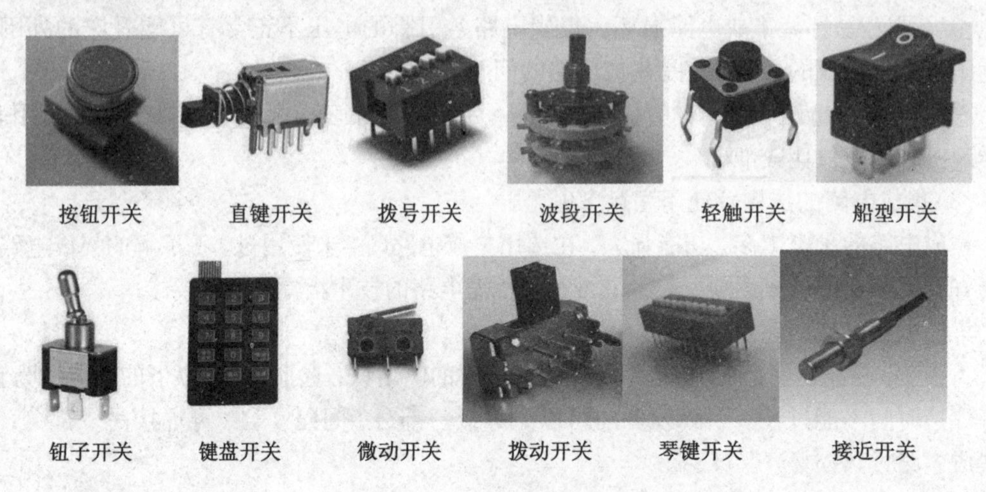

图 4.4.21　常见的开关实物图

开关的主要参数如下。

① 额定电压与耐压值：额定电压就是指开关在正常工作时，允许施加的最大电压。而耐压值就是指开关内互不接触的导体之间的所承受的电压值，在电子电路中，普通开关至少需要承受 100 V 的电压，电源（市电）的开关至少需要承受 500 V 以上的电压。

② 额定电流：就是指开关在正常工作时，允许通过的最大电流。

③ 接触电阻：就是指开关在接通时，两个触点间的电阻值。在电子电路中，这个电阻值越小越好，一般这个值都在 0.1 Ω 以下。

④ 绝缘电阻：就是指开关内互不接触的导体之间的电阻值。在电子电路中，这个电阻值越大越好，一般这个值都在 100 MΩ 以上。

⑤ 开关次数：就是指开关在正常使用条件下，允许开关动作的次数，通常使用要求都在五千次以上。

（3）开关的检测及选用

将数字万用表挡位拨到欧姆挡，用红、黑表笔去接触开关的两极，去测开关的接触电阻和绝缘电阻，如果接触电阻在 0.1 Ω 以上，说明开关接触不良；如果在几百千欧以下，说明开关存在漏电现象，应及时更换。

在开关的选用上，要根据电路的要求，考虑开关的主要参数，去选择合适的开关。在选用及调换开关时，除了主要参数之外，还要考虑型号和外形尺寸。

2. 电声器件

电声器件包括两大类，一类是指把声音信号转换成音频电信号的器件；另一类是指把音频电信号转换为声音信号的器件。在电子设备中有着广泛的应用，常见的电声器件有扬声器、传声器两大类。我们将主要介绍扬声器。

（1）扬声器的符号及种类

① 扬声器的符号：扬声器的文字符号用“B”或“BL”来表示，图形符号如图 4.4.22

所示。

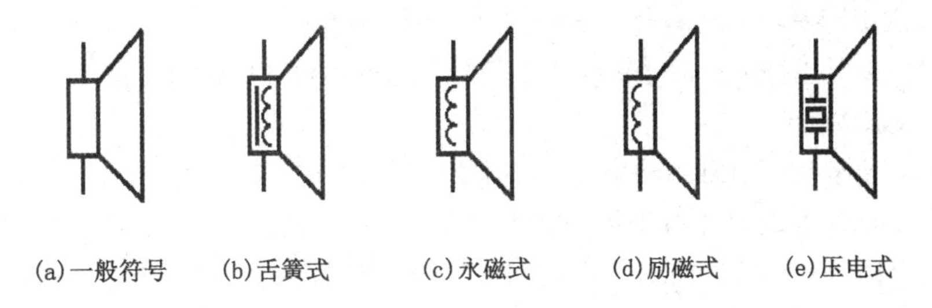

图 4.4.22　扬声器的图形符号

② 扬声器的种类：扬声器是一种利用电磁感应、静电感应、压电效应将电信号转换为声音信号的换能器件，又称喇叭。常见的扬声器有动圈式、压电式、舌簧式等几种。动圈式扬声器按磁路结构又可分为外磁式、内磁式、屏蔽式、双磁路式等多种，这里将介绍最常见的动圈式和压电式扬声器。实物图如图 4.4.23 所示。

图 4.4.23　常见的扬声器的实物图

a. 动圈式扬声器又分为内磁式和外磁式。外磁式成本低，通常多用外磁式的。将音圈置于由磁体和软铁芯构成的磁场中，当音频电流通过音圈时，音圈在磁场的作用下而发生震动，随着音圈电流的变化，音圈震动的幅度也随之变化，从而带动纸盆震动发出声音。如图 4.4.24 所示。

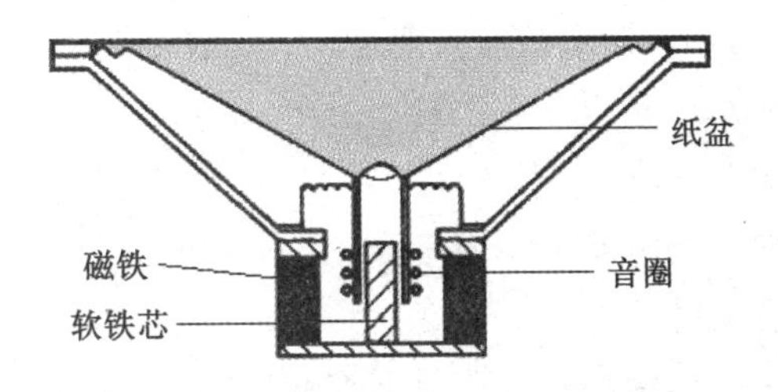

图 4.4.24　扬声器的结构示意图

b. 压电式扬声器是利用一种压电陶瓷片的压电效应工作。比如：生日卡上的发声元件就是用它来做成的。压电陶瓷片是在圆形的铜底板上附着一层厚约 1 mm 的压电陶瓷，再将陶瓷表面涂一层薄银，铜底板和涂银层就是它的两个电极。

压电陶瓷片的压电效应是指如果压电陶瓷片弯曲，在它的表面会产生电荷，再传给两个电极；如果给压电陶瓷片的两极提供一定的音频电压，当电压改变时，压电陶瓷片弯曲的方向也随之改变，随着音频电压的极性和大小不断变化，压电陶瓷片就会随之震动。利用它的压电效应，给压电陶瓷片的两个电极提供一定的电压，它就会发生震动，从而带动空气震动而发出声音。压电陶瓷片是一种电、声转换的两用器件，它既可以将电信号转换为声音信号，又可以将声音信号转换为电信号。这种元件非常便宜，有着广泛的应用。

(2)扬声器的主要参数

扬声器的主要参数有标称功率、标称阻抗、频率响应、谐振频率、灵敏度等。

① 标称功率：标称功率分为额定功率和最大功率。额定功率：指扬声器在允许的失真范围内，所允许的最大输入功率；最大功率：指扬声器在某一瞬间所能承受的最大峰值功率，通常是额定功率的2~4倍。

② 标称阻抗：扬声器的标称阻抗也称额定阻抗，是扬声器出厂时规定的阻抗值。扬声器在共振峰后所呈现的最小阻抗有4、6、8、16和32 Ω等几种。

③ 频率响应：是指扬声器重放音频的有效工作频率范围，扬声器的频率响应范围越宽越好。

④ 谐振频率：谐振频率就是扬声器频率范围的下限，谐振频率越低，扬声器的低音重放性就越好。

⑤ 灵敏度：指在规定的频率范围内，给扬声器输入1 W的电功率，在离扬声器轴向正面1 m所处测得的声压值。灵敏度越高，说明扬声器效率越高。

(3)扬声器的检测及选用

① 扬声器的检测：

a. 使用数字万用表欧姆挡(带蜂鸣)，用红黑表笔分别触碰扬声器的两个线圈的接线端，如果万用表的蜂鸣器有“咔喇、咔喇”的声音，说明扬声器是好的。如果没有“咔喇”声，但是阻值正常，有可能是音圈变形或磁钢偏离正常位置，使音圈不能震动发声。

b. 使用数字万用表欧姆挡测量扬声器的直流电阻，如果与标称值一样或很接近(误差在±20%以内)，说明扬声器是好的。如果测量值为“∞”，说明音圈的线断了。

c. 使用数字万用表欧姆挡测扬声器正负极。用红黑表笔分别触碰扬声器的两个线圈的接线端，观察纸盆的运动方向，如果纸盆向前运动，红表笔接触的是扬声器正极，反之，红表笔接触的就是扬声器的负极。

② 扬声器的选用：

a. 应根据电路的要求和扬声器的主要参数，选择合适的扬声器。扬声器的额定功率一定要与电路的输出功率相匹配。

b. 扬声器要安装在机壳内使用，这有利于改善音质，增大音量。

c. 扬声器的正负极要接对。扬声器的音圈是分正负极的，只不过和我们常说的正负极不同，是表示相位。一个扬声器工作时无所谓正负极；当两个扬声器同时工作时，同一时间两个扬声器的纸盆要向一个方向运动，也就是相位要相同。如果正负极接错了，两个扬声器的相位不统一，运动方向相反，会破坏放音质量，造成声音刺耳非常难听。

3. 晶振

(1)晶振的概念

晶振也叫作晶体谐荡器，是用电损耗很小的石英晶体经精密切割磨削下来薄片(简称晶片)并镀上电极焊上引线做成，再用金属外壳封装，或玻璃壳、陶瓷或塑料封装的一个机电器件，而在封装内部添加IC组成振荡电路的晶体元件称为晶体振荡器，简称为石英晶体或晶振。晶振具有压电效应，如果给它一个机械力使晶片变形，在晶片两极的金属片上会产生电压；如果在晶片两极外加上适当的交变电压，晶片会产生机械振动，若交变电压频率和晶片的固有频率相同，形成共振，振动会变得强烈；晶振利用这种能把电能转化为机械能的特点，在共振的作用下提供稳定、精准的振荡频率。

晶振是电子电路中最常用的电子元器件之一，它是时钟电路中最重要的部件，这种晶体的性能非常稳定，热膨胀系数非常小，并且有一个很重要的特性，可以产生高度稳定的信号，用于稳定频率和选择频率。石英晶振不分正负极，外壳是地线，其引脚不分正负，一般用字母“X”、“G”或“Z”表示，单位为Hz。晶振的图形符号如图4.4.25所示。

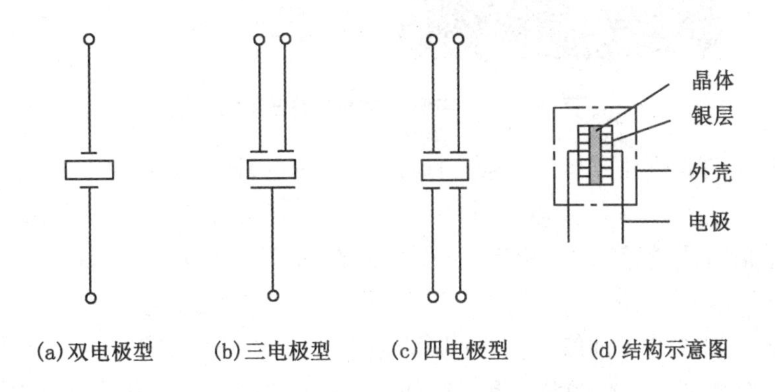

图4.4.25 晶振的电路图形符号及结构示意图

(2)晶振的分类及用途

晶振的主要参数有标称频率、频率精度和稳定度等，这些参数决定了晶振的质量和性能。在电路中的晶振分为无源晶振和有源晶振两种类型。晶振的实物如图4.4.26所示。

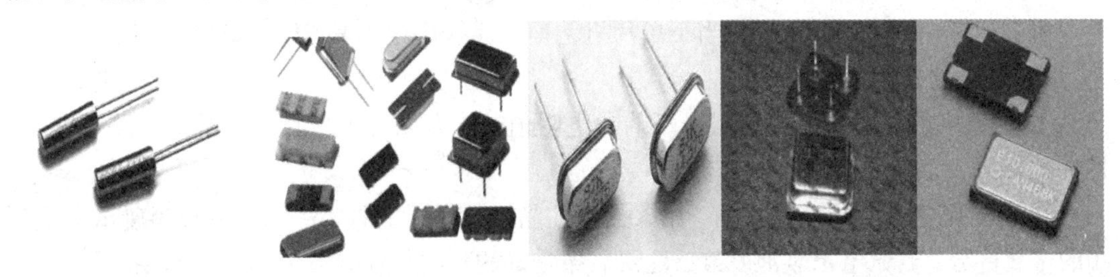

图4.4.26 常用的晶振实物图

在一些电子设备中，需要频率高度稳定的交流信号，而LC振荡器稳定性较差，容易使频率漂移而发生变化。所以采用晶体振荡器来稳定频率。晶振在电路中可以为系统提供基本的时钟信号，向显卡、网卡、主板等配件的各部分提供基准频率，工作频率不稳定会造成相关设备工作频率不稳定，自然容易出现问题。晶振相当于这些微处理芯片的心脏，没有晶振，这些微处理芯片将无法工作。通常一个系统共用一个晶振，便于各部分保持同步。晶振在有线通信、无线通信、广播电视、卫星通信、电子测量仪器、微机处理、数字仪表、钟表等各种军用和民用产品中得到了日益广泛的应用。

无源晶振没有电源电压，需要用外部的振荡器。无源晶振有两个引脚，其频率是根据外围电路(电容、电感、电阻等)来决定的，是可变的。更换不同频率的晶振时外围电路也需要做相应的调整。

有源晶振是一个完整的振荡器，里面有石英晶体、晶体管和阻容元件，有源晶振不需要外部振荡器，信号稳定，质量较好，而且连接方式比较简单。有源晶振的封装及引脚识别如图 4.4.27 所示，有 4 个引脚，分别为 VCC(电源)、GND(地)、OUTPUT(时钟信号输出)、NC(空脚)。

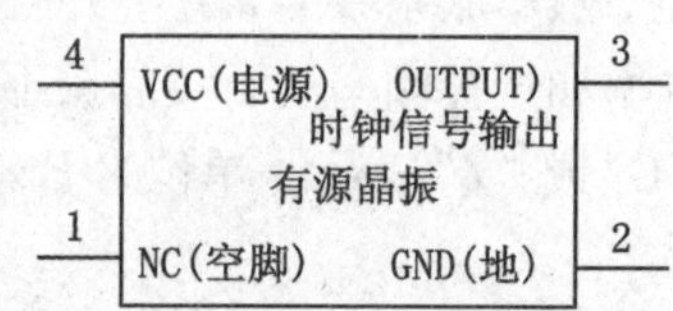

图 4.4.27　有源晶振的封装及引脚识别

有源晶振引脚识别法：有个点标记的为 1 脚，按逆时针(管脚向下)分别为 2、3、4 脚。通常的用法：1 脚悬空，2 脚接地，3 脚接输出，4 脚接电压。因为有源晶振不需要 CPU 的内部振荡器，信号质量好，比较稳定，不需要复杂的配置电路。

(3)晶振的作用

为系统提供基本的时钟信号，产生振荡频率。通常一个系统共用一个晶振，便于各部分保持同步，有些通讯系统的基频和射频使用不同的晶振，而通过电子调整频率的方法保持同步。晶振作为稳定频率和选择频率的谐振元件，广泛地应用于收音机、电视机以及通信电子设备中。主要用于单片机、数字信号处理器、ARM、PowerPC，以及 PCI 接口电路等。比如：在单片机系统里晶振的作用非常大，它会依据相关电路，产生单片机所必需的时钟频率，单片机的一切指令的执行都是建立在这基础上的。晶振提供的时钟频率越高，单片机的运行速度也就越快，相当于单片机上面的晶振决定了其 CPU 的主频。

(4)晶振的检测

① 用数字万用表欧姆挡测晶振两端的电阻值，若为无穷大，说明晶振无短路或漏电，是好的。

② 将试电笔插入市电插孔内，用手指捏住晶振的任一引脚，将另一引脚触碰试电笔顶端的金属部分，若试电笔氖泡发红，说明晶振是好的；若氖泡不亮，则说明晶振损坏。

③ 用数字万用表电容挡测量其电容，损坏的晶振容量明显减小。

④ 测试输出脚电压。正常情况下，大约是电源电压的一半。

(5)芯片的选用

选用时，首要考虑的就是晶振的时钟频率，也要考虑芯片的等级，芯片按等级由高到低分军工级、工业级、商业级。等级越高芯片的可靠性越高，性能越稳定。还要考虑正常电压范围、工作温度范围等。

4. 数码管(LED)

数码管就是将若干个发光二极管按照一定图形组合在一起的显示元件，它是一种将电信号转换成光信号的元器件。常见的数码管就是将八个发光二极管组合在一起，其实物如图 4. 4. 28 所示。这八个数码管组合在一起，在使用时可以让任意一个或几个二极管发光，就可以组成 0~9 任意一个数字并显示出来。

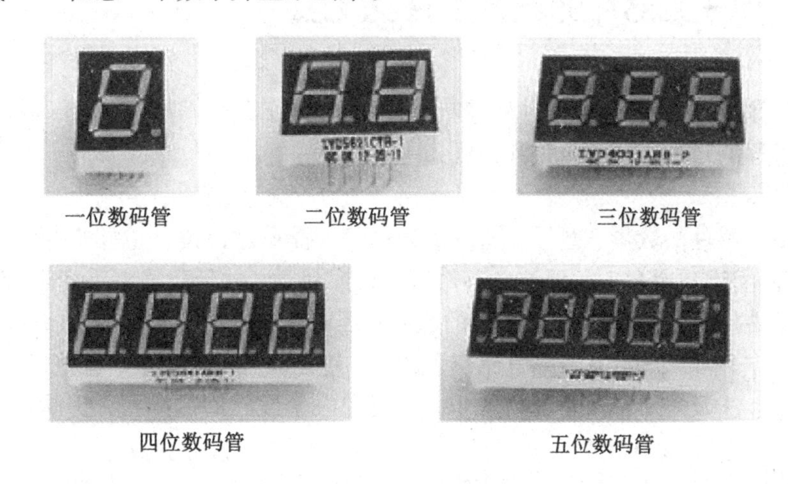

图 4. 4. 28　数码管实物图

数码管内部的结构和电路如图 4. 4. 29 所示，其可分为共阴极和共阳极两种，共阴极就是指数码管内的八个二极管的阴极是连接在一起的，通过给不同的二极管加上正电压，就可以显示出相应的数字。共阳极则正好相反，道理是一样的。

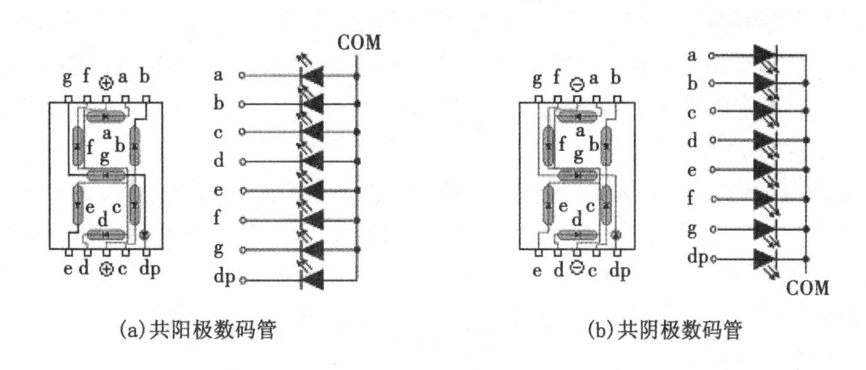

图 4. 4. 29　数码管内部的结构及电路图

数码管有如下特点：

① 工作电压低、可在小电流的条件下发光，适用于多种场合。

② 无辐射、低能耗。

③ 亮度高、体积小、重量轻，使用方便。

④ 寿命长，可达 10 万 h 以上，并且成本低廉。

⑤ 发光响应时间短，高频特性好。

数码管的检测也很简单，用数字万用表的二极管挡，红表笔接公共端，黑表笔分别触碰其他各端，如果数码管相应各段都发光，说明是共阳极数码管；如果不发光，表笔换过来再测，如果数码管相应各段都发光，说明是共阴极数码管；如果数码管各段都不发光或部分段发光，说明数码管已经损坏。

4.5 电子元器件的安装步骤及要求

电子产品在制作安装之前，要搞清楚元器件的数量、识别、选定、焊接与检测方法，认真做好安装过程的每一步，才能顺利完成，具体要求如下。

(1)焊接前准备

检查各种元器件的数量、型号、规格及标称值，看看是否符合电路要求。在焊接集成度高的元器件、CMOS器件时，要注意电烙铁要可靠接地，并带防静电手套进行焊接，防止静电造成的器件损坏。静电对电子元件的影响：因电流、电场破坏元件的绝缘或导体，使元器件不能工作；因瞬间的电场或电流产生的热，使元器件功能受损，有些仍能工作，但会影响元器件的性能及寿命；静电吸附灰尘，会改变电子线路间的阻抗，影响产品的功能与寿命。

检查印制电路板，对照电路图，用万用表或直观检查印制电路板线路有无短路、断路，检查焊盘、焊孔是否完整、符合焊接标准。

检查元器件引脚和导线头有无氧化，在无氧化的情况下，将其引脚处理成型，将所用导线头进行镀锡备焊。

(2)焊装顺序

元器件的焊装顺序，一般情况下，先焊接较矮的元器件，再焊接较高的元器件；先焊接较小的元器件，再焊接较大的元器件，并遵循从印制电路板中间往四周扩散安装的原则。元器件插装时，不能将位于元件面的元器件引脚留得过长，一般情况下，应将元器件体尽量贴近印制电路板为佳。

印制电路板上的元器件要排列整齐，相同的元器件要保持高度一致，标称方向一致。晶体管的焊装动作一定要快，一般每个管脚焊接时间不超过2 s，并且要用镊子或尖嘴钳夹持着来辅助引脚散热，防止晶体管过热损坏。用助焊剂辅助焊接的，焊完要将焊盘上的多余助焊剂清理干净。焊接结束后一定要检查焊盘有无漏焊、虚焊、假焊。

(3)元器件的焊接要求

① 焊接电阻时，要求所有电阻的标记、标称方向一致，并保持焊装高度一致。焊接结束后将焊接面上多余的引脚齐根剪去(贴着焊点)。

② 焊接电容时，电容上的标记方向要容易看到，并且尽可能保持标记方向一致，有极性的电容一定要保证极性的正确，不能接错、焊错。

③ 焊接小功率二极管时，烙铁的功率通常低于35 W。引脚的弯曲通常需要距离壳体大于5 mm。焊接前，按要求装入规定位置，并保证二极管的极性位置正确，二极管的标称和极性要容易看到。如果采用立式焊接，焊接操作应迅速，一般不超过3 s，最短的引脚焊接时间要在2 s之内完成，否则容易造成二极管的损坏。

④ 焊接三极管时，e、b、c三个引脚不能插错位置，焊接时，用镊子夹持要焊接的引脚来辅助散热，焊完的三极管的标称要容易看到，并保持所有三极管的标称方向一致。

⑤ 焊接集成电路时，先检查确定集成电路的型号、引脚位置。在焊接时，要先焊接集

成电路两端的引脚，使其定位，然后再逐个焊接集成电路的其他引脚，每个引脚的焊接时间不能超过 3 s。如果引脚较多，容易造成集成电路的温升过快，可以先焊接一部分引脚，待集成电路冷却后，再焊接其余部分的引脚。集成电路引脚排列较密，焊接时要防止焊锡过多或方法不当造成的引脚之间的搭焊。

⑥ 焊接与有机塑料接触的元器件时，应在焊接完毕，冷却后，再将焊接元器件与有机塑料相接。不可以直接焊接固定在有机塑料上的元器件，容易造成塑料件变形损坏。

(4)通电测试

在印制电路板上焊接操作完成后，检查电路板上所有元器件是否焊装正确，所有焊点是否合乎规定，无漏焊、虚焊、假焊。确定无误后，将焊接面上多余的元器件引脚齐根剪掉后，才能进行整机通电测试。如果引脚过长进行测试，非常容易造成短路故障发生，甚至损坏多个元器件。

4.6 音频功率放大器的装调实训

美妙的音乐会让人心情愉悦，它是我们日常生活中不可或缺的一部分。如果长期使用耳机收听音乐，会使听力受损。若用收放信号直接推动扬声器，则音质的效果不理想。与无源音箱相比，有源音箱在功率要求不大的场合使用，既能节省空间且又能够减少外界电路干扰。因而自制一个有源音箱既可以享受到音乐的美，又不会损害我们的身体。

D2822 是一款国产的双声道功放集成电路，实物如图 4.6.1 所示，具有电路简单、音质好、电压范围宽等特点，其与意大利 SGS 公司生产的 TDA2822M 低电压小功率功放集成电路一样，可以互换使用。该功放集成电路的工作电压范围为 1.8~15 V，最大电流 1.5 A，最小输入电阻 100 kΩ，当输入电压为 6 V，输出电阻为 4 Ω、频率为 1 kHz 时，输出功率为 1.3 W。声道可以接成单声道 BTL 功放或双声道 OTL 功放，可工作于立体声以及桥式放大(BTL)的电路中。通常在袖珍式放音机、收录机和有源音箱中作音频放大器，应用非常广泛。电路内设有短路保护、过热保护、电源极性接反、地线偶然开路和负载泄放电压反冲等保护电路，工作稳定并且安全可靠。我们将以 D2822 为核心元件，制作一个双声道的音频功率放大器。

图 4.6.1 D2822 集成电路的实物图

我们先来看一下 D2822 芯片的特点、引脚功能。

D2822 芯片的特点：

① 电源电压低，在 1.8 V 时仍可以正常工作。

② 通道相互独立，分离度高。

③ 可作桥式(BTL)或立体声式功放应用。

④ 所需外围元器件少。

⑤ 采用双通道放大电路设计。

⑥ 交越失真小、静态电流小。

⑦ 开机和关机无冲击噪声。

⑧ 工作时，内部有负载短路用于保护电路。

根据 D2822 的应用特点，设计的有源音箱的整体框图如图 4. 6. 2 所示。

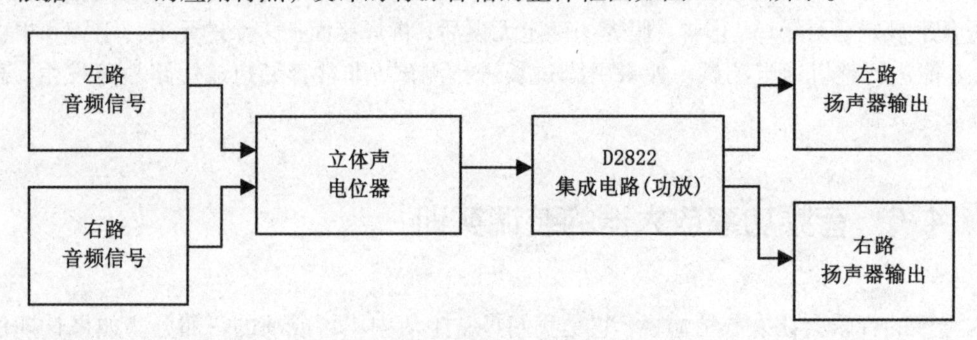

图 4. 6. 2　音频功率放大器的原理框图

D2822 芯片引脚排列及功能详见附 2. 5。

1. 电路及工作原理

由 D2822 组成的双声道 OTL 功放电路，其电压增益为 40 dB，在电源电压为 6 V，f 为 1 kHz，R_L 为 4 Ω 时，输出功率为 650 mW ×2。电路原理图如图 4. 6. 3 所示。

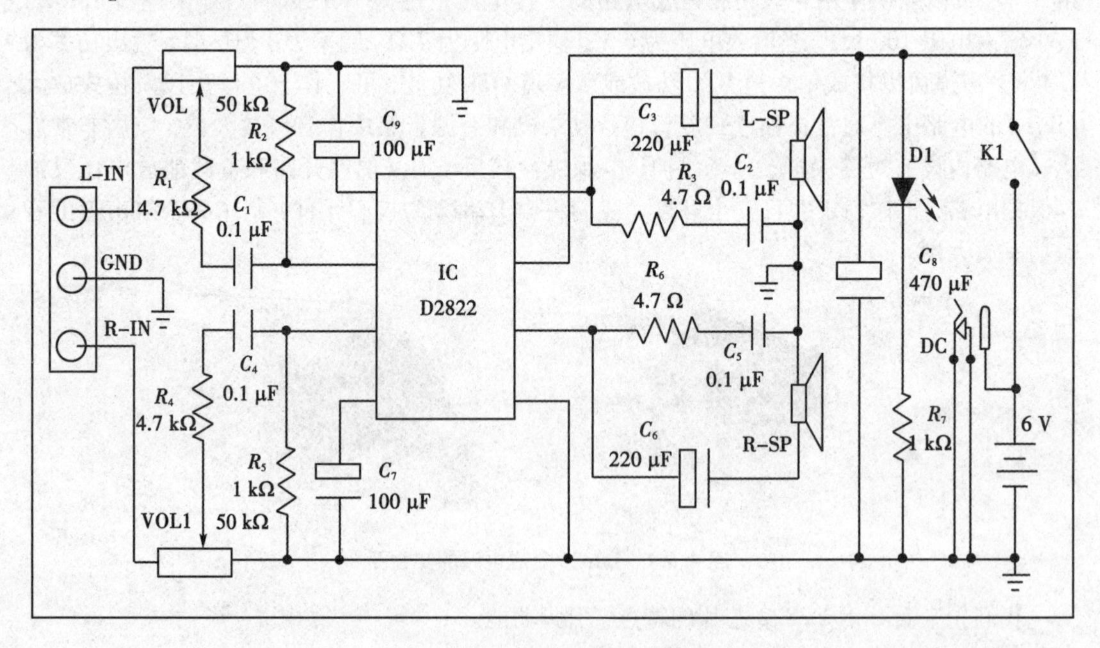

图 4. 6. 3　音频功率放大器的电路图

电路的工作原理：

D2822 集成电路可以采用直耦方式工作，但输入信号不能带直流成分。将放音设备（录音机、收音机、MP3 等）的左、右两路音频信号经 L-IN、R-IN 输入到立体声电位器的输入端，两路音频信号再分别经过 R_1、C_1、R_4、C_4 耦合到功率放大集成电路 D2822 的输入端 6、7 脚，经过 D2822 内部功率放大后，由其 1、3 脚输出。经过放大后的音频信号用以推动左、右两路扬声器工作。电路中的发光二极管 D1 起电源通电指示作用。电路中的拨动开关 K1 可以控制电源的开或关。电路中的直流电源插座 DC 可以用于外接电源使用。电路中的电位器 VOL 用来控制音量的大小，输出可以通过去耦电容（C_3、C_6）直接耦合到扬声器。

R_1、C_1 和 R_4、C_4 为左右声道输入信号通道。R_2、R_5 为输入偏置（平衡）电阻，调节它的大小可以对输入的音频信号进行不同程度的衰减，使左右声道均衡。集成电路的 5 脚、8 脚是反馈脚，C_7、C_9 是负反馈端接地电容，改变 C_7、C_9 的容量，就可以改变反馈量。C_3、C_6 是输出耦合电容，把输出信号耦合到喇叭上。R_3、C_2 和 R_6、C_5 是高次谐波抑制电路，用来衰减高音，滤除杂波，防止电路振荡。C_8 是滤波电容，用来改善音质。D1 和 R_7 为显示电路，由电源供电。

2. 制作及安装

D2822 型双通道音频功放的性能的好坏，除了与电路有关外，和焊接、组装技术的好坏息息相关。因此，对元器件的识别检测、选用及焊接质量等都十分重要。

装配工艺流程：

熟悉工艺要求→仪器仪表准备→核对元件数量、规格、型号→元件识别检测→元器件预处理→元件的安装、焊接→总装配→调试。

D2822 型双通道音频功放的安装具体步骤如下。

（1）使用数字万用表对元器件进行识别检测

先从外观检查元器件及引脚是否完整、无锈迹。再用万用表测量各元器件的主要参数，误差范围是否在规定之内，然后将有极性的元器件管脚极性一一识别并标注。

（2）工具准备

将焊接工具电烙铁及辅助焊接工具准备好。焊锡丝不要太细或太粗，一般直径在 0.7 ~1.0 mm 的比较合适。

（3）电子元件焊接

焊接电子元器件时，按印制电路板的元件装配原则，先中间后向四周扩散安装；先焊接在电路板上较矮的元器件，然后由低向高依次安装。

（4）机械部分的安装

先安装电池正负极片，进行调试，调试成功后，再进行最后的机械部分安装，比如喇叭、线路板的固定，动作片的安装等。

3. 调试及检测

按照上面的安装及焊接步骤完成后，装上电池或通过电源插孔提供 6 V 电压，利用手机或电脑中的音频信号通过音频线提供给音频功放 D2822，音频功放对该输入信号进行放大不失真，两个喇叭的放音均正常，证明调试成功。若扬声器没有声音、声音失真或只有一个喇叭出声，则应检查线路板上的焊接是否达标，是否有漏焊、虚焊、假焊，检查元器件的标称值及其安装是否正确，等等。

我们知道，OTL 功放电路在静态时，其输出端的静态电压约为电源电压的二分之一，故用电压表测量功放集成电路输出端的静态电压即可知道其好坏。假设电源电压为 6 V，那么用电压表测量该功放集成电路的输出端 1 脚和 3 脚的静态电压应在 3 V 左右，若测得的电压偏离上述数值很多，可以说明该声道的功放电路有问题。

D2822 构成的立体声功放电路。若没有检测仪表，就无法测量功放输出端的静态电压。可以用手轻触集成电路表面，不要触碰其引脚，如果集成电路发烫(微热是正常现象)，说明电路有故障，请立即关掉电源，检查集成电路及周围器件是否有问题；如果集成电路安装没有问题，可以将集成电路 D2822 接上扬声器，通电，并将音量电位器开到大音量，手持金属镊子分别触碰集成电路的输入端 6 脚和 7 脚，注意不要手抖短路，此时扬声器中应有较大的“嗡嗡嗡”声，若触碰输入端的引脚，扬声器无声，说明该声道电路有问题。当确认该声道的输入、输出耦合电容没问题，那么功放集成电路有可能损坏。

4. 实训注意事项

① 焊接集成电路时，选择 40 W 以下的电烙铁为宜，焊接时间不宜过长，一般在 10 s 之内完成。

② 焊接元器件时，每个引脚应在 2~3 s 之内完成，否则容易将铜箔烫坏脱离绝缘板。

③ 焊接元件的引脚在元器件插装面不可以留得过长，否则容易造成短路。

④ 焊点要光亮，整齐美观，焊锡量要合适，不能过多或过少。

⑤ 有极性的元器件不能将极性焊错。比如：二极管、电解电容、集成电路、喇叭等。

⑥ 通电测试前一定要将元器件管脚焊完的多余引线剪除，否则不得通电测试。

验收要求：

电路中元器件标志方向一致，排列整齐，布局合理；焊点标准；元器件工作正常，电路通电后，无噪声、音量可控，两个喇叭发声均匀洪亮，外壳安装紧凑，无异响。

4.7 无线遥控电路的装调实训

随着当今世界高科技的迅猛发展，遥控技术应用非常广泛，常见的有门铃的无线遥控，电视的遥控，汽车门遥控解锁，卷帘门升降遥控等。按载波分类可以分为红外线遥控、无线电遥控、超声波遥控等。无线电遥控技术是一项非常热门的技术，它就是用一种发射装置，通过现代的数字编码技术，将按键信息进行编码，通过无线电波发射出去，经接收装置将收到的无线电信号，进入处理器进行解码，解调出相应的指令，来完成发射装置所需要的操作技术。

1. SC2262 和 SC2272 芯片

SC2262 和 SC2272 是一种 CMOS 工艺制造的低功耗低价位通用编、解码芯片，两种芯片通常配对使用。可用于无线、红外、超声波等方式的遥控电路。SC2262、SC2272 芯片的应用范围极广，比如：家庭汽车安全系统，车库门控制，遥控风扇，无线遥控开关，数据传输，遥控玩具，防盗报警及其遥控音响等领域。

SC2262、SC2272 最多可有 12 位(A0～A11)三态地址端管脚(悬空、接高电平、接低电平)，任意组合可提供 531441(3^{12})地址码。SC2262、SC2272 最多可有 6 位(D0～D5)数据端管脚。SC2262 和 SC2272 芯片的实物图如图 4.7.1 所示。编码芯片 SC2262 的数据输出

图 4.7.1　2262 和 2272 集成电路的实物图

位其后缀不同，代表了不同传输方式，无后缀代表无线发射、IR 代表红外发射等。解码芯片 SC2272 的数据输出位根据其后缀不同而不同，有 L4、M4、L6、M6 等几种。其中 L 是锁存输出，相当于“互锁”，当按下第二个键时才能释放第一个键，也可以解释为：数据只要成功接收就能一直保持对应的电平状态，直到下次遥控数据发生变化时改变；M 表示非锁存输出，类似于“点动”的控制，数据脚输出的电平是瞬时的而且和发射端是否发射相对应；T 也表示锁存输出，相当于“自锁”控制，可以单键控制对应的引脚输出。后缀的 4 和 6 表示并行的数据通道数，当采用 4 路并行数据时(SC2272-M4)，对应的地址编码是 8 位，如果采用 6 路的并行数据时(SC2272-M6)，对应的地址编码是 6 位。SC2262、SC2272 集成电路的管脚排列及功能详见附 2.5。

SC2262、SC2272 集成电路的特点：

① 采用 CMOS 工艺制造，低功耗和较强的噪声抑制能力。

② 外部元器件少。

③ RC 振荡电阻。

④ 工作电压范围宽：3～12 V。

⑤ 最大设置为 12 位三态地址管脚或 6 位数据管脚。

⑥ 地址码最多可达 531441 种。

无线产品频率范围如下：

① 发射频率：125 kHz、13.5 MHz。

典型产品：门禁刷卡器、公交刷卡器。

② 发射频率：27 MHz、49 MHz。

多用于遥控玩具类、模型类，其特点是传输距离远，数据量少，只适合数据量少的控制信号。典型产品：遥控玩具、无线鼠标、非专业的对讲机。

③ 发射频率：315 MHz、433 MHz。（间断性，周期性产品，遥控玩具禁止使用）

多用于无线开关类的产品，小型的无音视频的监控设备。其特点相比 27 MHz 的传输数据量要大。典型产品：遥控开关、无线门铃、防盗设备、监控器。

④ 发射频率：88~108 MHz。

典型产品：FM 发射器。

⑤ 发射频率：902~928 MHz，2400~2483.5 MHz，5725~5850 MHz。

多用无线音视频控制系统，其特点：可传输数据量大。典型产品：遥控玩具、无线鼠标、蓝牙、WIFI、发射器。

编码芯片 SC2262 发出的编码信号由地址码、数据码、同步码组成一个完整的信息码，解码芯片 SC2272 接收到信号后，其地址码经过两次比较核对后，17 脚才输出高电平，与此同时相应的数据脚也输出高电平。如果发送端一直按住按键，编码芯片也会连续发射，第 14 脚是发射指令端，当此脚为低电平时时，SC2262 的 17 脚则发出一组编码脉冲。第 15 脚、第 16 脚是一个内置振荡器，外接几百千欧到几兆欧的电阻即可产生振荡，第 18 脚、第 9 脚分别是电源的正、负极。

当发射端没有按键按下时，SC2262 不接通电源，其 17 脚为低电平，所以 315 MHz 的高频发射电路不工作。当有按键按下时，SC2262 得电工作，其第 17 脚输出经调制的串行数据信号。当 17 脚为高电平期间，315 MHz 的高频发射电路起振并发射等幅高频信号；当 17 脚为低电平期间，315 MHz 的高频发射电路停止振荡，所以高频发射电路完全受控于 SC2262 的 17 脚输出的数字信号，从而对高频电路完成幅度键控（ASK 调制）相当于调制度为 100%的调幅。

SC2262/2272 除地址编码必须完全一致外，振荡电阻也必须匹配，否则接收距离会变近甚至无法接收。市场上出现一批兼容芯片，在实际使用中只要对振荡电阻稍做改动就能配套使用。根据实际使用经验，下面的参数匹配效果较好，表 4.7.1 所示为振荡电阻匹配电阻对照表。

表 4.7.1　SC2262/2272 的振荡电阻与匹配电阻对照表

编码发射芯片的振荡电阻					编码接收芯片的振荡电阻（匹配）
PT2262	PT2260	SC2260	SC2262	CS5211	PT2272/SC2272/CS5212
1.2 MΩ	无	3.3 MΩ	1.1 MΩ	1.3 MΩ	200 kΩ
1.5 MΩ	无	4.3 MΩ	1.4 MΩ	1.6 MΩ	270 kΩ
2.2 MΩ	无	6.2 MΩ	2 MΩ	2.4 MΩ	390 kΩ
3.3 MΩ	无	9.1 MΩ	3 MΩ	3.6 MΩ	680 kΩ
4.7 MΩ	1.2 MΩ	12 MΩ	4.3 MΩ	5.1 MΩ	820 kΩ

SC2262/2272 芯片的地址编码设定和修改：在通常使用中，我们一般采用 8 位地址码和 4 位数据码，这时编码芯片 SC2262 和解码芯片 SC2272 的第 1~8 脚为地址码设定脚，有悬空、接高电平、接低电平三种状态可供选择，所以地址编码不重复度为 6561（3^8）组，只有发射端 SC2262 和接收端 SC2272 的地址编码完全相同，才能实现无线遥控功能。例如：将发射板的 SC2262 的第 2 脚接地，第 7 脚接正电源，其他引脚悬空，那么接收板的 SC2272

只要也是第 2 脚接地，第 7 脚接正电源，其他引脚悬空，就能实现发射、接收功能。当两者地址编码完全一致时，SC2272 对应的 D1～D4 端输出约 4 V 互锁高电平控制信号，同时 17 脚也解码输出有效的高电平信号。再将这些信号加以放大，便可驱动功率三极管、继电器等进行负载遥控开关操纵。

2. 电路及工作原理

本制作就是采用了两个芯片（SC2262 和 SC2272）作为电路的核心元件，分别搭建一个编码和解码的电路，前者作编码器，后者作解码器。将它们组合起来构成一个具有发射和接收信号的无线遥控电路。芯片外围支持电路简单，让复杂的遥控电路设计大大简化，具有很高的准确性、可靠性、抗干扰性和高性价比。

无线遥控门铃发射板的电路原理，如图 4.7.2 所示。

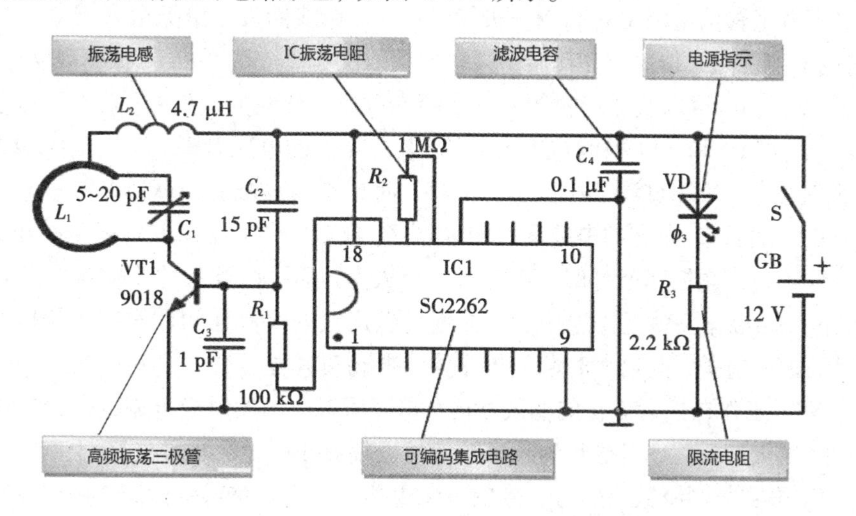

图 4.7.2　无线遥控门铃发射板的电路

发射板工作原理：发射板芯片 SC2262 将载波振荡器、编码器和发射单元集成于一身，使发射电路变得非常简洁。它由发射电路和开关调制编码电路两部分组成。它的第 1～8 脚是编码的输入端，每个输入端可以有 3 种状态，即“0”、“1”或“开路”，其中“0”表示接低电平，“1”表示接高电平。发射电路由振荡回路 L_1、C_1 和振荡三极管 VT1 等组成。振荡器采用电感三点式振荡电路，振荡线圈 L_1 为印制电路板上的 U 型铜箔，调谐电容器 C_1 并联在 U 型铜箔两端，L_1 抽头通过振荡电感 L_2 和按钮开关 S 与电源 GB 正极相连，在高频振荡器等效电路中相当于接地；振荡线圈一端与 VT1 集电极相连，另一端通过电容 C_2 正反馈到 VT1 基极，组成电感三点式振荡电路。振荡器反馈大小由 C_2、C_3 及振荡管 VT1 极间电容分压决定。振荡频率主要由 L_1 电感量、C_2 和 C_3 电容量大小来决定，改变 C_1 可以调整振荡频率。L_1 采用铜箔的结构不会变形，增加振荡频率的稳定性，还兼有发射天线的作用。R_1 为 VT1 上偏置电阻，当编码芯片 SC2262 的编码输出端 17 脚为高电平时，超高频振荡器振荡，低电平时则停止振荡，进行开关调制。调制编码电路由编码芯片 SC2262 等组成，初始状态时，地址编码端、控制数据编码端都处于开路（悬空）状态，成为 12 位地址 0 数据编码。使用中，在印制电路板上，芯片 SC2262 的 1～8 脚为地址编码脚，由三排焊盘孔组成，采用焊锡搭焊的方式来选择接电源正极、接地或悬空三种状态。同一套发射、接收系统地址码必须一致，不同的设备必须设置不同的地址码，以防止系统相互之间干扰。

此外，编解码芯片的振荡电阻必须匹配使用，当编码芯片 SC2262 振荡电阻 R_2 选用 1 MΩ 时，解码芯片 SC2272 振荡电阻为 330 kΩ；如 R_2 为 4.7 MΩ 时，解码振荡电阻对应为 820 kΩ。如果编解码集成电路振荡电阻不匹配，将使遥控器灵敏度大大降低，甚至失去控制作用。编码芯片编码启动端处于低电平时，编码器才输出编码信号，按下电源(发射)开关 S，就会发射出带编码的遥控信号。电阻器 R_3 和发光二极管 VD 组成指示灯电路，指示发射板的工作状态。

无线遥控门铃的接收板的电路原理，如图 4.7.3 所示。

接收板工作原理：

遥控音乐门铃的接收板是由超再生检波电路、放大电路、解码电路和音乐门铃电路四部分组成。超再生检波电路由超高频三极管 VT1、谐振线圈 L_1、谐振电容器 C_1、反馈电容器 C_2 等组成电容三点式振荡器，其振荡频率主要取决于 L_1、C_1 和 C_2，振荡强度由 C_2 电容量大小决定，改变 C_1 可以改变接收频率。在超高频振荡建立的过程中，L_1、C_1 振荡回路中的高频电流，经过 C_2 和 VT1 极间电容向 C_3 充电，C_3 上的电压升高，产生反向偏置电压加在 VT1 的发射结上，VT1 直流工作点迅速下移，使高频振荡减弱，直到 VT1 截止、振荡器停止振荡为止。此后 C_3 充有的电荷通过电阻器 R_1 放电，VT1 反向偏置电压减小，直到发射结正向偏置满足高频振荡条件时，建立下一个振荡过程，由此形成受间歇振荡调制的超高频振荡，这个间歇振荡就是淬熄振荡。振荡过程建立的快慢和间歇时间的长短与所接收超高频信号的振幅有关，振幅大时起始电平高，振荡过程建立快，每一次振荡的间歇时间也短。由于 VT1 工作在接近截止的非线性区，检波后形成的发射极电流也大，在电阻器 R_2 上产生的压降也大。反之，当接收的超高频信号振幅较小时，检波后在 R_2 上产生的压降也小，因此在 R_2 得到与调制数码信号一致的音频电压，这就是超再生检波。由于超再生检波器处在间歇的振荡状态，具有很高的接收及检波灵敏度，有上万倍的放大增益。

在图中，L_3 为高频阻流圈，阻止高频振荡电流直接入地，并能通过直流信号建立振荡器的工作点。偏置电阻器 R_2 及旁路电容器 C_4 为 VT1 基极提供一个稳定的静态工作点。由 VT1 集电极输出的信号，通过高频阻流圈 L_3 及滤波电容器 C_5 滤去超高频成分，在集电极负载电阻器 R_4 上产生数据信号压降，通过滤波电阻器 R_3 及滤波电容器 C_7 除去超再生检波器产生的热噪声及残存的淬熄振荡信号，并通过耦合电容器 C_6 输入到前置电压放大器 VT2 的基极。

放大电路由三级放大器组成，其中由 VT2 等组成电压负反馈式放大电路，R_5 为负反馈偏置电阻器，R_6 为集电极负载电阻器，放大后的信号由耦合电容器 C_8 输送到 VT3 的基极。由 VT3、VT4 等组成两级直耦合放大器，放大后的信号由 VT4 集电极输出，加载至解码芯片 IC2 的数据信号输入端 14 脚 DIN 端，当电平达到 2 V 时，触发解码芯片动作。

解码电路就是将编码信号指令从载波上解调下来，并对该指令解码，其地址码经过两次比较核对无误后，VT 脚(17 脚)才输出高电平，同时，数据脚也输出高电平。触发音乐芯片 9300 工作，音乐信号经 9013 放大后，推动扬声器放出“叮咚、叮咚”的音乐声。

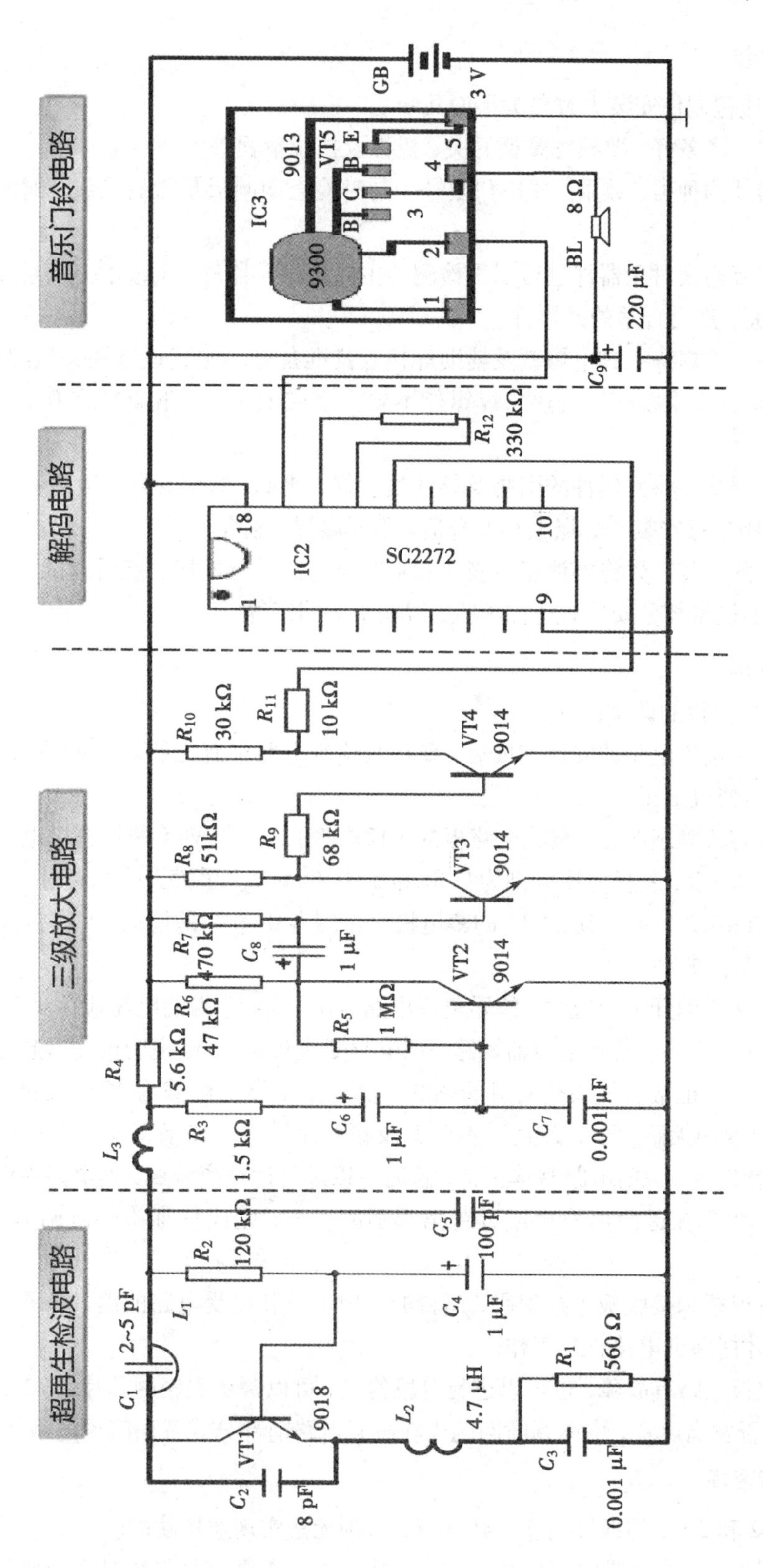

图4.7.3 无线遥控门铃的接收板的电路

3. 制作及安装

按装配工艺流程制作安装大致分为下面几步。

① 将仪器仪表准备好，要熟练掌握开关、极性及挡位量程等。

② 核对元器件的种类、数量、规格和型号。同时检查印制板是否有裂纹，铜箔线路是否清晰无误。

③ 使用数字万用表对元器件进行识别检测。主要检测元器件的标称值、实际值、误差范围、极性等方面，选出合适的元器件。

④ 工具准备。将焊接工具电烙铁及辅助焊接工具准备好。尤其是烙铁头粗细要合适，表面银白光亮，烙铁头温度不宜过热。焊锡丝不要太细或太粗，一般直径在 0.7~1.0 mm 的比较合适。

⑤ 电子元件焊接。将元器件的引脚及导线处理好，比如：去氧化层、镀锡等。然后按元器件的装配原则进行安装。焊点大小要合适，不要虚焊、假焊。

⑥ 机械部分的安装。先将电池正负极片和喇叭与电路进行连接。然后调试，调试成功后，再进行最后的机械部分安装。比如喇叭、线路板的固定等。

4. 调试及检测

无线遥控音乐门铃的调试：

① 发射电路和接收电路的安装完成后，要认真检查电路中有无错焊、漏焊、短路等不正常现象，并及时修改更正。

② 通电测量各极静态电压，接收电路板的 VT2、VT3、VT4、VT5 的集电极电压分别约为 1.3 、0.8、0、2.4 V，基极电压分别为 0.8、0.6、0.6、0 V。手摸天线线圈时，VT3 的集电极电压应有 0.1~0.2 V 的波动，VT4 的集电极电压应有 0~6 V 的波动，VT5 的集电极电压应有 0.8~2.4 V 的波动。

③ 发射电路在微动开关接通时，编码集成电路 IC1 的第 17 脚的电压应为 1.7 V，VT1 的基极电压为 0.1 V 左右，若将电容器短路，该电压变为 0.3 V，则说明振荡器起振。

④ 各级直流电压正常后再调整发射的频载。因为本电路的频载为 MHz 数量级，所以在调整 C1 时一定要用无感起子，并且手不要触及相关元器件。如果每次在近距离按下发射器按键时，门铃发声，说明电路基本正常，这时可以进行远距离调试，本电路遥控距离可达 30 m 以上。如果只在近距离发声或近距离都不能发声，则应仔细检查微调 C1 及相关电路。

⑤ 最后对发射板和接收板进行编码，门铃的发射电路和接受电路的编、解码方式必须保持一致，这样才能保证电路正常工作。

⑥ 如果接收板电路有故障，也可以进行分段检测，可以镊子尖轻触芯片 2272 的 17 脚，看看音乐芯片能否发出声音，由此判断问题出在解码电路前部分或音乐门铃电路部分。

5. 实训注意事项

① 芯片 2262 和 2272 的地址码要一致才行，否则无法实现遥控功能。

② 焊接元器件，每个引脚时间应在 2~3 s 之内完成，否则容易将焊盘及引脚氧化，甚至将铜箔烫坏脱离绝缘板。

③ 焊接时元件的引脚在元件插装面不可以留得过长，容易造成短路。

④ 焊点要光亮，整齐美观，焊锡量要合适，避免虚焊、假焊。

⑤ 有极性的元器件不能将极性焊错。比如：二极管、电解电容、三极管、集成电路、喇叭等。

⑥ 通电测试前一定要将焊完元器件的多余管脚引线剪除，否则不得通电测试。

⑦ 焊接集成电路时，时间要少，动作要快。否则会导致芯片性能下降，甚至损坏。

验收要求：

印制电路板上的元器件标志方向一致，排列整齐，布局合理；焊点标准，无虚假焊，元器件工作正常；电路通电后，无噪声、声音可控，喇叭发声均匀有力，遥控距离达到设计标准，外壳安装紧凑无破损，无异响。

5　综合设计与实训

5.1　可调直流稳压电源电路设计

【设计目的】

① 掌握晶体二极管单相桥式整流电路、电容滤波电路和集成稳压电路的组成及工作原理。

② 测量并验证单相桥式整流及电容滤波电路输入与输出之间的量值关系。

③ 掌握三端集成稳压器及可调直流电源的设计方法。

【设计要求】

① 利用集成三端稳压器 LM317 设计一个输出电压为 1.2~37 V、最大输出电流为 1 A 的直流电压源。

② 通过计算选择变压器的副边电压及功率。

③ 选择整流电路的形式及元件的型号。

④ 选择滤波电路的形式及元件的型号和参数。

⑤ 选择电路中 R_1、R_P大小和功率及 R_P的型号。

⑥ 搭接电路，测量并记录交流输入电压和整流输出电压、滤波输出电压及稳压输出电压，计算交流输入电压与整流输出电压和滤波输出电压之间的关系。

⑦ 用示波器观察并记录电路中交流输入电压和整流输出电压、滤波输出电压及稳压输出电压的波形。

【设计指导】

(1)整流电路

整流是利用半导体二极管的单相导电性，将交流电变换成脉动直流电的过程。根据使用二极管的数量及输出脉动程度的不同，整流可分为半波整流、全波整流和桥式整流。根据输入的电压形式不同，又分为单相整流和三相整流。本设计采用单相桥式整流电路，现介绍如下。

单相桥式整流电路如图 5.1.1 所示。单相桥式整流电路是最常用的整流电路，可以获得全波整流的效果。若所接的是电阻负载，则在忽略整流电路内阻的情况下，它输出的直流负载电压平均值 U_o与整流变压器副边电压有效值 U_2之间的关系是 $U_o=0.9U_2$。由于实际整流电路存在内阻，所以 U_o常小于上述关系式中的数值，且负载电流越大，其值越小。

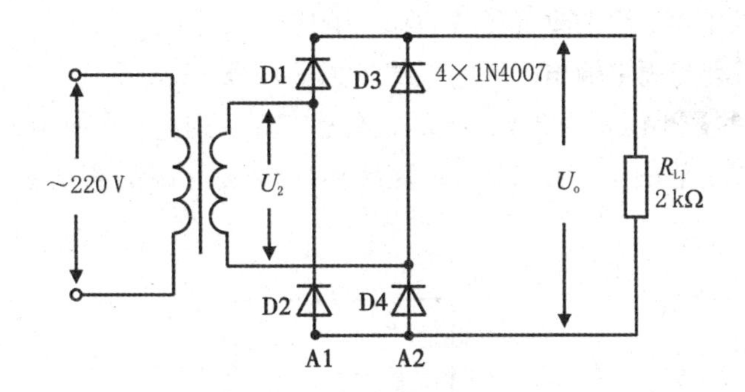

图 5.1.1 单相桥式整流电路

(2)滤波电路

由于整流电路输出的直流电压的脉动成分也比较大，而在实际工作中经常需要脉动小或比较平滑的直流，滤波电路就是利用电子元件将脉动直流变成平滑直流的电路。根据所用元件不同，滤波电路分为电容滤波、电感电容滤波和 $RC-\pi$ 型滤波三种。本设计采用电容滤波电路，见图 5.1.2。

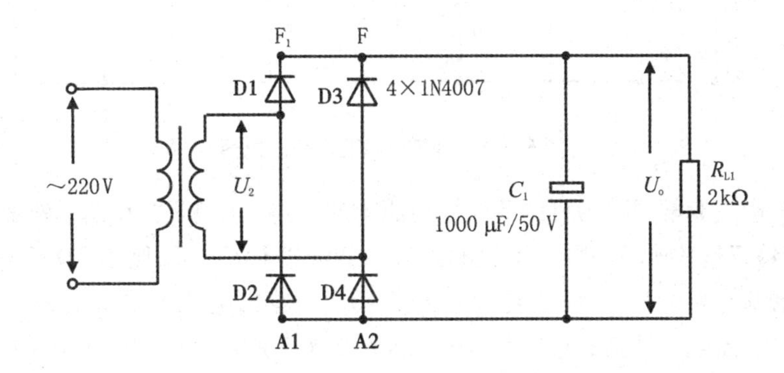

图 5.1.2 电容滤波电器

单相桥式整流电路采用电容滤波后，不仅输出电压的脉动情况得到了很大的改善，而且输出电压的平均值也比未加电容滤波时要高。滤波后，输出直流电压的范围为 $U_o=(1.0\sim1.4)U_2$。负载电阻 R_{L1} 及电容 C_1 的数值越大，U_o就越接近变压器副边交流电压的峰值（即 $1.4U_2$）。

(3)稳压电路

整流和滤波电路虽然能把交流电压转换为比较平滑的直流电压输出，但是它的输出电压稳定性往往会随着交流电源电压的波动或负载的变化而变化。要得到很稳定的直流电压，必须经过稳压环节。实现稳压的电路有串联稳压、并联稳压和集成稳压电路等，本设计只研究集成稳压电路。

随着集成电路的发展，集成稳压器有许多种，这里只对三端集成稳压器的应用做简单的介绍。

三端集成稳压器是一种串联调整式稳压器。当经整流滤波后的电压加到三端集成稳压器的输入端后，在输出端就得到了稳定的直流电压。如果稳压器远离滤波电路，可在输入端并联一个 0.33 μF 的电容，用来改善波形，同时对输入的过电压起到抑制作用。输出端并联一个 0.1 μF 的电容，用来改善负载的瞬态响应。

一般 78、79 系列为固定输出电压的三端集成稳压器，LM 系列为输出电压可调的三端集成稳压器，它们的最小压差为 2 V，最大压差为 37 V。因此，在使用过程中，加在稳压器上的压差不能超出此范围。利用 LM317 设计输出电压可调的直流稳压电源如图 5.1.3 所示。

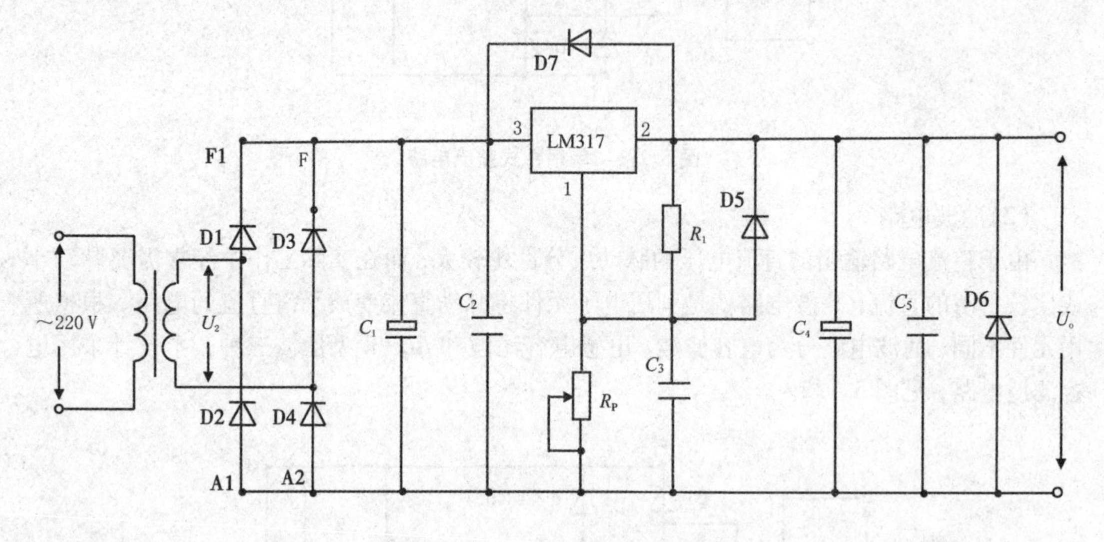

图 5.1.3　整流、滤波及稳压电器

LM317 是接线非常简单的可调节线性稳压集成电路，只有三条引脚，外观有多种封装。最常见的为 M317T，外形为 TO-220 塑料封装。如选择 LM317T，则为 TO-3 金属封装。两种封装最大电流均为 1.5 A，最高输入电压为 40 V。输出电压可调范围为 1.2~37 V。由 LM317 构成的输出电压可调的直流稳压电源如图 5.1.3 所示。改变图中 R_P的大小，就可连续改变输出电压。当 R_P阻值为 0 时，输出电压在 1.2~1.3 V 之间，典型值为 1.25 V。

LM317 过流和短路采用的是限流保护方式，当输出端电阻太小，导致电流超过保护阀值时，电流会受限制，不会增大很多，但也跟输入端的电压有关。短路后电流一般在 1 A 左右，但最大也有可能达到 3.5 A。输出端短路时间稍长后，M317 功耗会非常大。如不进行处理，M317 仍然可能会烧毁。为了制作简便，一般采用带抽头变压器。

因为 M317 最高输入电压为直流 40 V，交流电源输入电压：40 V×0.707=28.28 V。考虑到 220 V 电源允许±10%的波动，电压可能会升高，变压器输出改为 28.28×0.9=25.452 V。以上变压器输出电压只是假定输出为空载的情况，实际还有整流二极管压降以及接有负载时滤波电容上的电压不能充电到交流的峰值电压。对于变压器的输出电流，可选择 1 A 的。

图中 R_1一般选用推荐值 240 Ω。LM317 正常工作时输出端必须有一定的输出电流，这个电流典型值为 3.5 mA，最大值为 5 mA，R_1两端电压约为 1.2 V，因此 R_1选择 240 Ω，流过电流约 5 mA。如果电阻选择过大，空载时输出电压会变高，如果想输出 1.2~37 V 的电压，R_P应选择 6.8 kΩ 的可调电阻。可调电阻功率一般都不大，所以 R_P实际应选择多圈线绕电位器比较合适。

【安装与调试】

按所设计的电路图搭接电路，测量图 5. 1. 1 和图 5. 1. 2 电路中的交流输入电压和整流输出电压、滤波输出电压；测量图 5. 1. 3 电路中的交流输入电压与稳压输出电压。将测量值记录在表 5. 1. 1 中。

表 5. 1. 1　整流、滤波和稳压电路参数测量表

电路形式	变压器副边交流电压 U_2/V	输出直流电压 U_o/V	U_o/U_2
桥式整流			
电容滤波			
集成稳压			

用示波器观察电路中交流输入电压和整流输出电压、滤波输出电压及稳压输出电压的波形。并记录在图 5. 1. 4 中。

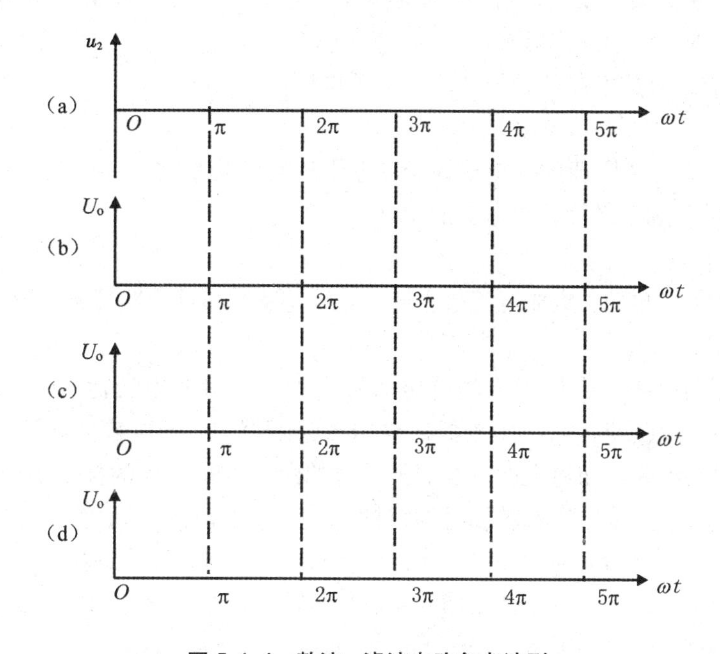

图 5. 1. 4　整流、滤波电路各点波型

【注意事项】

① 变压器副边、整流电路输出端及滤波电路的输出端都不能短接，否则将烧坏变压器或电路中的元器件。

② 在连接滤波电路时，要特别注意电解电容的正、负极性，即整流输出的正端接电解电容正极，负端接电容负极，否则将烧坏电容器。

③ 在用万用表测量电压时，要注意其挡位的变换，测量 U_2时用万用表交流电压的适当挡，测量经过整流桥后的所有电压 U_o时均为直流电压挡。

④为了避免干扰，在观察各种状态下波形时，一定要接上负载。

【功能验证】

① 计算表 5. 1. 1 中交流输入电压与整流输出电压和滤波输出电压之间的关系。

② 改变负载电阻的大小，观察电路的稳压效果。

③ 调节 R_P 的大小，观察输出电压的变化范围是否符合设计要求。

5.2 简易路灯控制电路设计

【设计目的】

① 了解集成运算放大器或电压比较器在光控方面的应用，掌握电路的设计方法。

② 通过本设计，提高对学过知识的综合应用能力。

【设计要求】

① 利用学过的集成运算放大器、三极管开关电路、继电器放大作用和其他相关的器件设计一个光控电路。要求在光线暗到一定程度时，能自动点亮 220 V 供电的路灯；而当光线亮到一定程度时，路灯自动熄灭。

② 选择集成运算放大器的型号和正负电源电压。

③ 选择 R_1，R_2的阻值大小及功率。

④ 根据 R_1，R_2，R_3阻值的大小选择光敏电阻的型号及参数。

⑤ 选择二极管和三极管及继电器的型号。

【预习要求】

预习三极管放大电路、集成运算放大器、电压比较器和继电器等部分内容。

【设计指导】

电压比较器就是将一个模拟量的电压信号去和一个参考电压比较，在二者幅度相等时，输出电压将产生跃变。电压比较器通常用于越限报警、模数转换和波形变换等场合，此时，幅度鉴别的精确性和稳定性以及输出反应的快速性是主要的技术指标。集成运放的开环放大倍数越高，则输出状态转换时的特性愈陡，其比较精度就高。输出反应的快速性与运放的上升速率和增益带宽均有关，所以应该选择上述两相指标都高的运算放大器来组成比较电路。此外，各厂家还生产专用的集成比较器，例如 LM339 和 LM393 等，使用更为方便。

电压比较器进行信号幅度比较时，输入信号是连续变化的模拟量，但输出电压只有两种状态：高电平和低电平，所以集成运放通常工作在非线性区。从电路构成来看，运放经常处于开环状态，有时为了使输入、输出特性在转换时更加陡直，以提高比较精度，也在电路中引入正反馈。

本设计所用的比较器是常用的幅度比较电路，其控制电路如图 5.2.1 所示。首先将反相输入端的电位固定在某一数值，同相输入端的电位随着光强度变化而变化。当同相输入端大于反相输入端的电位时，比较器输出正电压，则三极管导通，继电器的线圈通电，其常开触点闭合，将被控制的路灯点亮。同理，当同相输入端电位小于反相输入端电位时，比较器输出负电压，则三极管截止，继电器的线圈断电，其常开触点断开，被控制的路灯熄灭。

由于本设计电路中的集成运放芯片处于开环状态，具有很高的增益，当同相输入端与反相输入端的电位稍有差别时，集成运放的输出状态就要改变，所以本电路具有较高的灵敏度。

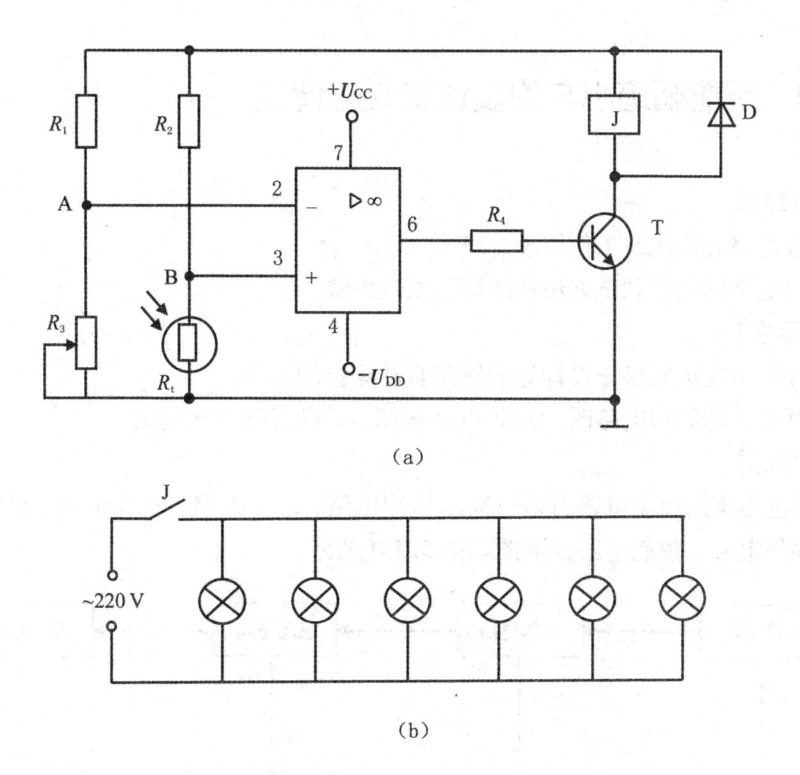

图 5.2.1 路灯控制电路

在自动控制电路中，一般都要有一个将被控制的非电量转化成电量的相应的传感器，本实验是一个光控路灯模拟电路，采用的是将光信号转化成电信号的光敏电阻。

光敏电阻可分为对紫外光灵敏的光敏电阻(其本征光电导体材料，如 CdSe)、对可见光灵敏的光敏电阻(其本征光电导体材料，如 CdS、CdSe)、对红外光灵敏的光敏电阻(其本征光电导体材料，如 PbS、PbSe、PbTe 等)，光敏电阻的阻值随着光强度的变化而变化。

本设计采用对可见光灵敏的光敏电阻，当光的强度变弱时，其电阻增大，同相输入端的电位升高。当升到大于反相输入端的电位时，集成运放的输出电压由$-U_{DD}$变成$+U_{CC}$，三极管导通，继电器线圈得电，常开触头闭合，将所控制的路灯点亮。

为了给继电器线圈提供一个放电回路，通常在继电器两端并入一只二极管，以保护三极管，避免三极管在由导通变为截止时，继电器线圈产生的感应电动势把三极管击穿。

【安装与调试】

① 按自己设计的电路图搭接电路。

② 接通电源，调节 R_3，使 A 点的电位略大于 B 点的电位。此时测量电压比较器的输出电压应为$-U_{DD}$，路灯不亮。

【功能验证】

① 遮挡光敏电阻 R_t 的受光面模拟光线变暗，此时测量电压比较器的输出电压应为$+U_{CC}$，同时路灯被点亮。

② 当光敏电阻 R_t 受光面的光线变亮到一定亮度时，此时测量电压比较器的输出电压为 $-U_{CC}$，此时路灯熄灭。

5.3 智能循迹小车的设计安装与调试

【设计目的】

① 掌握电路的构成及工作原理。

② 学习电路的安装调试方法和故障的处理方法。

【设计要求】

① 设计一个能按照事先设计好的线路自动运行的小车。

② 根据设计的原理电路图，画出 PCB 板图，并进行安装和调试。

【设计指导】

智能循迹小车的控制电路由运行路线检测电路、运算电路、驱动电路、执行电路和电源电路五部分组成。控制电路方框图如图 5.3.1 所示。

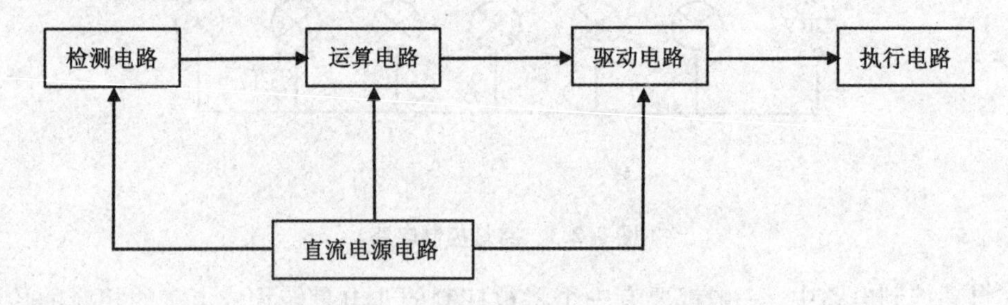

图 5.3.1 智能循迹小车控制电路框图

智能循迹小车的原理电路如图 5.3.2 所示。LM393 是集成双路电压比较器(其引脚图及各引脚功能详见附 2.5)，它由两个独立的精密电压比较器构成。它的作用是比较两个输入电压，根据两路输入电压的高低来改变其输出电压。输出有两种状态：接近开路或者接近低电平。LM393 是集电极开路输出，所以必须接上拉电阻(上拉电阻一般在 3~15 kΩ)才能输出高电平。LM393 随时比较着两路光敏电阻的大小来实现控制。高亮度发光二极管发出的光线照射在跑道上，当照在白纸上时，反射的光线较强，这时光敏电阻可以接收到较强的反射光，使光敏电阻的电阻值较小；当发光二极管发出的光线照射在黑纸上时，反射光较弱，此时光敏电阻的电阻值较大，循迹小车就是根据这一原理进行轨道识别工作的。

工作前将小车中心导向轮放于轨道中心，两侧探测器位于两侧白纸处，当小车偏离跑道时，则有一侧探测器照到黑色跑道上。以 D1 为例，此时 R_{L1} 的阻值增大，这一变化使得 LM393 的 3、6 脚电压升高，当 3 脚电压高于 2 脚时，运放的 1 脚输出高电位，使 T1 截止，电机 M1 停止工作；而此时 6 脚电压高于 5 脚，运放的 7 脚输出低电位，使 T2 饱和导通，电机 M2 继续运转。由于两侧轮子中的一只停转，小车将向轮子停转侧转弯，使得 D1、R_{L1} 这对探测器离开黑跑道，光线又照回白纸上，此时，电机 M1 重新转动，当另一侧探测器照到黑跑道时，原理与前述相同。小车在整个前进过程中，就是在不断重复上述动作，不断修

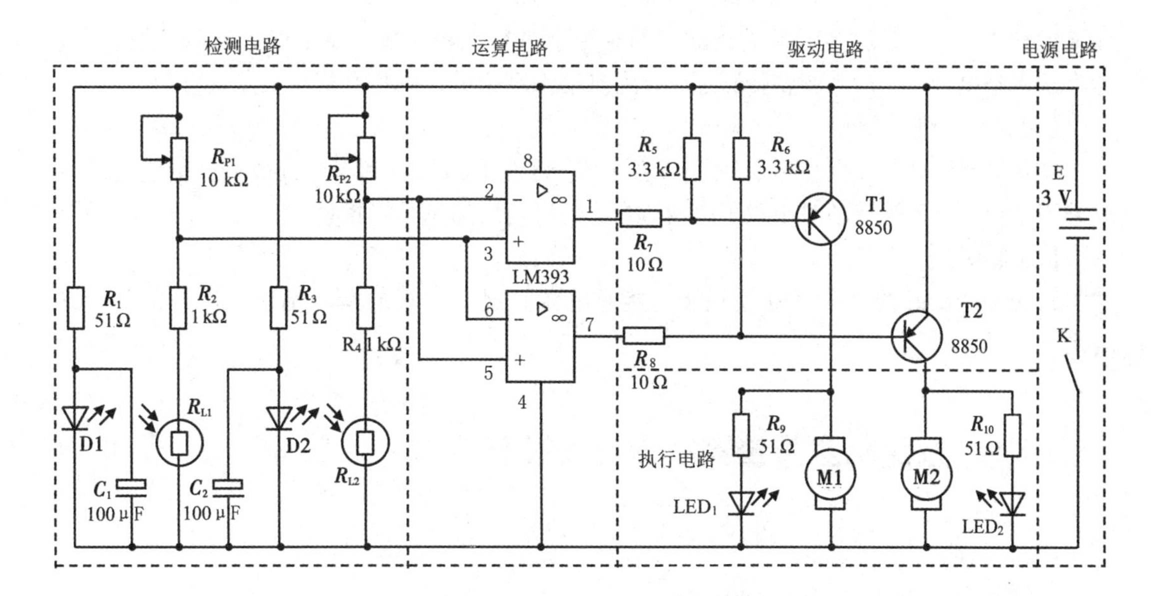

图 5.3.2　智能循迹小车控制电路

正运行轨迹，从而实现自动沿跑道前进。

【安装调试】

(1)根据设计的原理电路图，画出 PCB 板图

(2)按照 PCB 板图做出电路板，然后进行安装

(3)初步调试

① 为了方便调试，先不装电动机，取一张白纸，画一个黑圈。接通电源，可看到两侧指示灯点亮。将小车放在白纸上，让探测器照在黑圈上，调节本侧定位器，让这一侧的灯照到黑圈时指示灯灭，照到白纸上时指示灯亮。反复调节两侧探测器，直到两侧全部符合上述变化规律。

② 两台电动机的转向与电流方向有关，接好引线后，先不要把电动机固定在电路板上。装上电池，打开开关，查看电动机旋转方向是否与车轮前进方向一致。如果不一致，应将电机的两根线对换位置。然后固定电动机，让两台电动机前后一致，且车轮能灵活转动。

(4)整车调试

① 测试驱动电路。打开开关，集成芯片的第 1、4、7 引脚连接。这时两个电动机都应当向着前方转动，否则调换电动机的引线位置即可。如果电动机不转，应检查三极管是否接反，基极电阻值(10 Ω)是否正确。

② 断电将 LM393 芯片插入 IC 座上，通电后调节相应的电位器，使小车能在黑线上正常运转，且不会跑出黑线的范围。

(5)跑道的制作

为了保证小车的正常运行，跑道的制作也很重要。跑道的宽度必须小于两侧探测器的间距，一般以 15~20 mm 较为合适。跑道可以是一个圆，也可以是任意形状，但要保证转弯角度不要太大，否则小车容易脱轨。制作时可取一张 A3 尺寸的白纸，用铅笔在上面画好跑道的初稿，确定好后再用毛笔在画好的跑道上进行加粗，画时要尽量让线条粗细均匀。然后实际通电试车，适当调整传感器，达到自动识别跑道，并准确无误工作为止。

(6)易出现的问题

实际试车时，若发现小车走到某个地方动不了了，只要看到车轮还在转，就说明跑道此处不平整；若车轮转动时出现了打滑现象，可适当增加小车的重量。

【功能验证】

将安装调试好的小车放在轨道上，接通电源。观察小车的运行情况，是否符合设计要求。

5.4 双路防盗报警器的设计安装与调试

【设计目的】

① 掌握双路防盗报警器电路的设计方法。

② 掌握数字逻辑电路和555定时器在实际工作中的应用。

【设计要求】

① 设计一个双路防盗报警器，当盗情发生时有两种报警方式：或是常闭开关K1(实际应用时是安装在窗与窗框、门与门框的紧贴面上的导电铜片)打开，延时1~35 s发出报警；或是常开开关K2闭合，立即报警。

② 发出报警时，有两个报警灯交替闪亮，周期为1~2 s，并有警车的报警声发出，频率为f=1.5~1.8 kHz。

③ 选择电路元器件。

④ 安装调试，并写出设计总结报告。

【设计指导】

目前市场上销售的防盗报警器，有的结构复杂、体积大、价格贵，多适用于企事业单位使用；而一些简单便宜的报警器，其性能又不十分理想，可靠性差。综合各种报警器的优缺点，并根据设计要求及性能指标，兼顾可行性、可靠性和经济性等各种因素，确定设计一个双路防盗报警器，其主要组成部分的方框图如图5.4.1所示。它由延时触发器单元、报警声发声单元和警灯驱动单元三部分组成。双路防盗报警器原理电路图如图5.4.2所示。

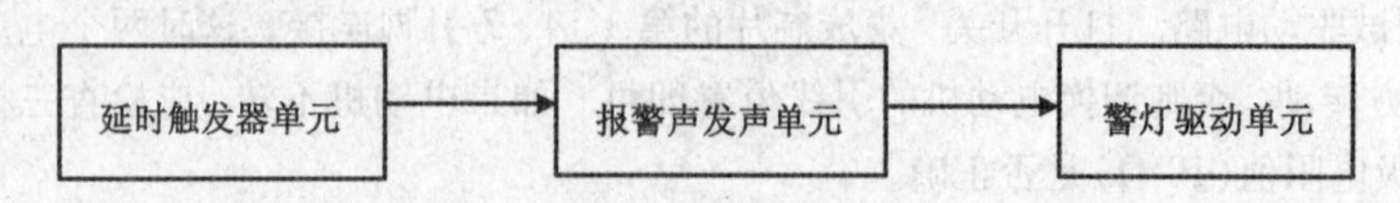

图5.4.1 双路防盗报警器系统框图

(1)延时触发器单元

其主要功能为延时触发和即时触发。该部分电路主要由常闭开关K1(延时触发开关)和常开开关K2(即时触发开关)，与非门G1~G3，二极管D1与D2，电容C_1与C_2和电阻R_1~R_4及定位器R_W组成。延时触发器的工作原理如下。

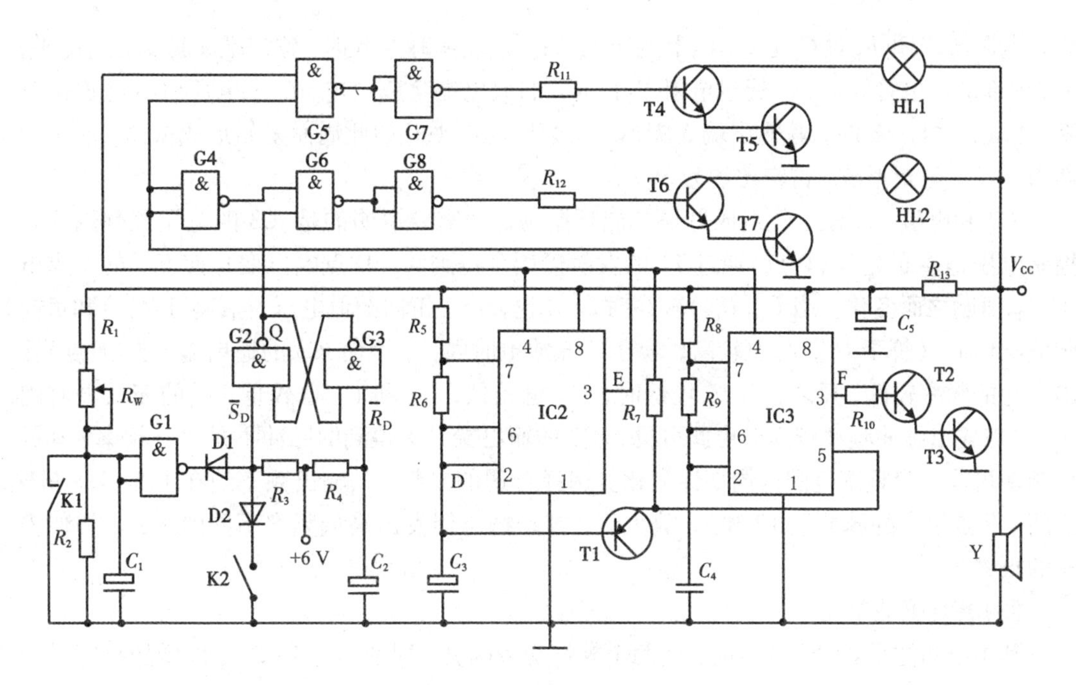

图 5.4.2 双路防盗报警器电路

由于电容 C_2的下极板接地为 0 V，当电源刚接通的瞬间，电容上的电压不能突变，故 C_2的上极板也为 0 V。低电平“0”信号脉冲输入与非门 G3，使 G3 输出高电平；又因开关 K2 断开，+6 V 电源使门 G2 输入信号为高电平(此时 K1 闭合，门 G1 输入低电平，输出为高电平，二极管 D1 截止，对基本 RS 触发器无影响)，门 G1 输出(基本 RS 触发器 Q 端)低电平“0”，从而使 555 定时器 IC2 和 IC3 的第 4 脚(异步复位端)为低电平，IC2 和 IC3 不工作，报警器既不发声也不闪烁，此时的延时触发门称为关闭状态。

开关 K1 打开(延时报警)时，电源通过电阻 R_1 和电位器 R_W对电容 C_1充电，同时，C_1也会通过电阻 R_2放电。如果适当选择 R_1、R_2和 R_W的阻值，满足 $R_1+R_W<R_2$，可使 C_1的充电电流大于放电电流，使 C_1上的电压缓慢上升。当 C_1上的电压达到 G1 的转折电压 U_{TH}时，G1 输出由“1”变“0”，二极管 D1 导通，使 RS 触发器 $S_D=0$；而此时 C_2已由+6 V 电源通过电阻 R_4被充电，RS 触发器 $R_D=1$，基本 RS 触发器被置“1”(门 G2 输出为“1”)，IC2 和 IC3 开始工作，报警声发声单元和报警灯驱动单元工作，即延时触发门打开。

开关 K2 闭合(即时报警)时，D2 导通，使 RS 触发器的 S_D端为“0”，R_D端仍然为“1”，RS 触发器会立即被置“1”，延时触发门门立即打开，防盗报警器立即发出警报。

(2)报警声发声单元

其主要功能是报警时发出频率为 1.5~1.8 kHz 类似于警车的报警声。该部分电路主要由 555 定时器、IC2 和 IC3、半导体三极管 T1 和 T3、定时电容 C_3和 C_4、电阻 R_5~R_{10}及扬声器组成。报警声发声单元的工作原理如下：

IC2 和 R_5、R_6、C_3组成周期约为 1~2 s 的低频振荡器，当有报警信号，即延时触发门的 RS 触发器 $Q=1$ 时，IC2 开始工作。由于电源刚接通时，C_3上电压不能突变，使 IC2 的高触发端 6 脚和低触发端 2 脚的电压为“0”，其输出端 3 脚(E)为高电平。IC2 内部的放电管截止。电源经 R_5 和 R_6 对 C_3 充电，C_3 上电压上升；当 $U_{C3} \geqslant 2V_{CC}/3$ 时，输出端 3 脚变为低电平，IC2 内部的放电管导通，C_3 通过电阻 R_6 和 IC2 的放电端 7 脚放电，C_3 上电压（D 点）逐渐下降；当 $U_{C3} \leqslant V_{CC}/3$ 时，其输出端 3 脚（E）又翻回高电平。如此周而复始形成振荡，产生周期为 1~2 s 的矩形波，占空比约为 50%。

IC3 和电阻 R_8、R_9、C_4 组成另一个低频振荡器。需要说明的是 IC3 的电压控制端 5 脚控制电压是 C_3 的电压（D 点）通过 T1 的发射极耦合得到的。D 点电压变化使 IC3 的 5 脚电压 U_{CO} 值随之而变化。当 U_D（U_{C3}）较高时，U_{CO} 也较高，正向阀值电压 U_{T+}（等于 U_{C1}）和负向阀值电压 U_{T-}（等于 $U_{CO}/2$）也较高，电容 C_4 充放电时间长，因而 IC3 的输出端 3 脚（F 点）输出脉冲的频率较低；反之，当 U_D 较低时，U_{CO} 也较低，U_{T+} 和 U_{T-} 也较低，C_4 的充放电时间短，F 点输出脉冲频率较高。由此可见，IC3 的输出端 F 点得到的脉冲不是单一频率，其振荡频率可在一定频率范围内周期性变化。选择合适的参数，其输出频率约在 1.5~1.8 kHz 之间。F 点输出的脉冲经 T2 和 T3 放大后，推动扬声器发出高低频率不同的声音，类似警车的报警声。

（3）警灯驱动单元

其主要功能是，发生报警时，使两个警灯交替闪亮，周期约为 1~2 s，以增加报警时的紧迫感。该部分电路由与非门 G4~G8、三极管 T4~T7、电阻 R_{11} 和 R_{12} 和两个警灯 HL1 和 HL2 组成。警灯驱动单元的工作原理如下：

当不报警（K1 闭合，K2 断开）时，延时触发门 RS 触发器 $Q=0$，封锁了门 G5 和 G6，使门 G7 和 G8 输出总为 0，三极管 T4~T7 截止，警灯 HL1 和 HL2 不亮。

当报警（K1 断开，K2 闭合）时，延时触发器 $Q=1$，门 G5 和 G6 解除封锁，IC2 产生的振荡信号经门 G4 反相后送入门 G6 的输入信号和直接送入门 G5 的输入信号极性相反，使门 G7 和 G8 的输出信号极性也相反。且它们在 IC2 的 3 脚输出脉冲的控制下，轮流交替出现高电平“1”，因而三极管 T4、T5 和 T6、T7 轮流导通和截止，警灯 HL1 和 HL2 便交替闪亮。选择参数可使警灯闪亮周期为 1~2 s。

【安装调试】

① 按照原理电路图分别安装延时触发器单元电路、报警声发声单元电路和警灯驱动单元电路。

② 测试各单元电路，看它们能否正常工作。

③ 将调试好的延时触发器单元电路、报警声发声单元电路和警灯驱动单元电路，连在一起进行整机调试。

【功能验证】

接通报警器的直流电源，模拟窗户（或门）打开和关上，观察报警器的工作状态是否符合设计要求。

5.5 简易抢答器电路设计

【实验目的】

① 进一步学习组合逻辑电路的设计方法。

② 用实验验证所设计电路的逻辑功能。

③ 通过电路设计，培养分析和解决实际问题的能力。

【设计要求】

用与非门和非门设计一个简易抢答器(即优先权判别电路)。其功能为：三人各有一个按键，分别是A，B，C(用逻辑电平开关代替，拨向高电平1时表示按键按下)；三个输出信号 F_A，F_B，F_C分别用三个LED电平指示灯显示抢答结果，当A键按下后，F_A所驱动的LED电平指示灯亮，这时再按B和C键，F_B，F_C所驱动的LED电平指示灯将不能亮；先按下B键或C键时，情况同上。要求：

① 根据设计要求设定逻辑变量及变量的逻辑状态。

② 根据设计要求写出逻辑功能表(真值表)。

③ 写出输出变量的逻辑表达式，并按照设计要求进行适当的化简和逻辑变换。

④ 根据化简和变换的最终逻辑表达式画出逻辑电路图。

⑤ 根据设计的逻辑电路图连接电路，验证其逻辑功能是否与设计要求相符合。

【预习要求】

① 74LS04和74LS10集成门电路的引脚排列及逻辑功能。

② 掌握组合逻辑电路的设计方法。

【实验器材】

① 电子技术实验箱	1个
② 数字万用表	1个
③ 集成六反相器(74LS04)	1片
④ 三输入端三与非门(74LS10)	1片

【设计指导】

① 根据设计要求设定输入逻辑变量和输出逻辑变量及变量状态。

② 其参考电路如图5.5.1所示。

③ 此电路的设计不能采用列真值表、求表达式的常用方法，因为输入信号有先后区别，所以输出信号 F_A，F_B，F_C的电平高低不仅与本路输入有关，还与另两路输出信号有关。

【功能验证】

将74LS04和74LS10插在数字实验箱的引脚座上，并接上+5 V电源和地线，将输入信号A，B，C分别接数字综合信号源的电平开关，电平开关拨向高电平1时表示按键按下，输出端接LED电平指示灯。哪一路灯亮表示该路抢答成功。按照所设计电路接线，验证其逻辑功能。

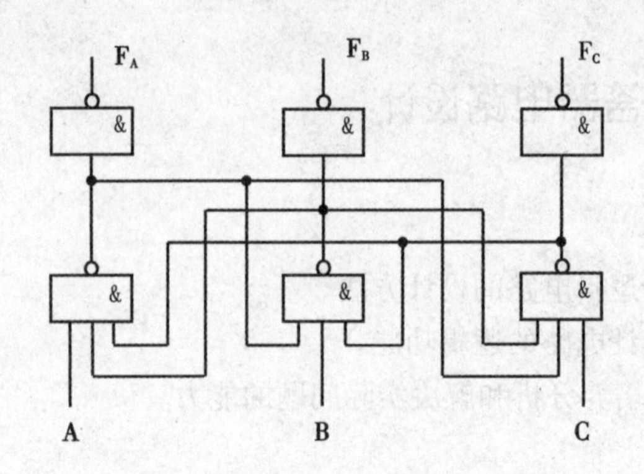

图 5.5.1　简易抢答器设计参考电路

【思考题】

① 分析所设计电路的正确性。

② 总结设计思路，画出设计之后的电路图。

5.6　数字电子钟电路设计

【设计目的】

① 了解数字电子钟的基本工作原理和简单设计方法。

② 熟悉中规模集成电路和半导体显示器件的使用方法。

③ 掌握简单数字系统的综合设计、安装及调试方法，验证所设计的电子钟的功能。

【设计原理】

数字钟电路由振荡器、秒计数器、分计数器、时计数器组成。工作时，振荡器产生频率稳定的秒脉冲信号，并送秒计数器。当秒计数器计满 60 s 时，输出秒进位脉冲，送分计数器计数；当分计数器计满 60 min 时，输出分进位脉冲，送时计数器计数；当时计数器计满 24 h 后，时、分、秒计数器同时自动复零。

【设计要求】

用中、小规模集成电路设计并制作一台能显示“时”“分”“秒”的数字钟，时以二十四进制进行计时，分、秒为六十进制。

① 根据设计要求画出系统的总体框图。

② 根据系统框图分别画出整个系统的电路图。

③ 按秒脉冲的单元、六十进制和二十四进制单元搭接各单元电路进行分单元调试，最后进行系统通调，并验证是否符合设计要求。

【设计指导】

数字电子钟是采用数字电路实现对“时”、“分”、“秒”数字显示的计时装置。一般地，一个简单的数字钟应由四部分组成，整体框图如图 5.6.1 所示。

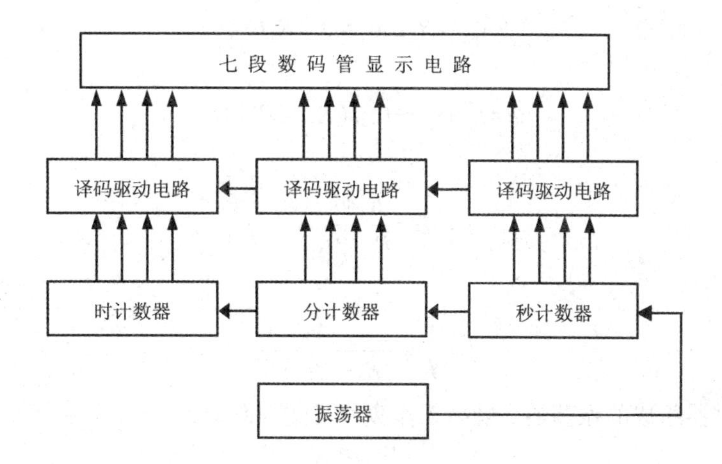

图 5.6.1　数字钟的基本工作原理方框图

1. 振荡器

振荡器是用来产生标准时间信号的电路。本设计的振荡电路采用 555 集成定时器，它是一种模拟电路和数字电路相结合的中规模集成电路，其外引脚排列和功能见附 2.5。

555 集成定时器设计成多谐振荡器，也称无稳态触发器，它没有稳定状态，同时毋须外加触发脉冲，就能输出一定频率的矩形脉冲(自激振荡)。因为矩形波含有丰富的谐波，故称为多谐振荡器。多谐振荡器是常用的一种矩形波发生器。触发器和时序电路中的时钟脉冲一般都由多谐振荡器产生的。

图 5.6.2 是由 555 定时器组成的多谐振荡器电路，合理选择 R、C 等外接元件，可得到频率为 1 Hz 的时标信号。

图 5.6.3 是 555 定时器组成的多谐振荡器电路电容和输出端产生的波形。

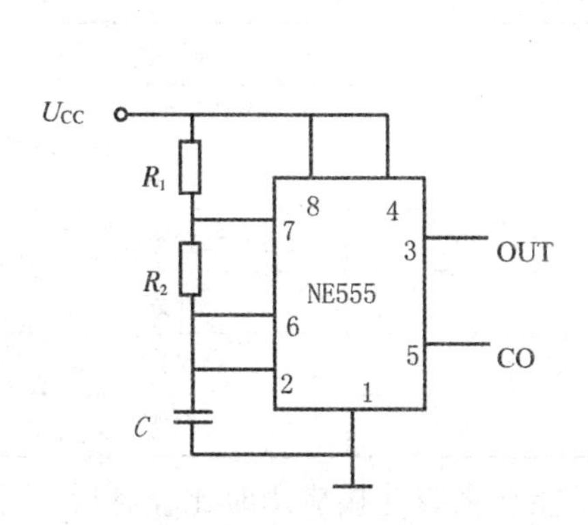

图 5.6.2　555 定时器振荡器电路

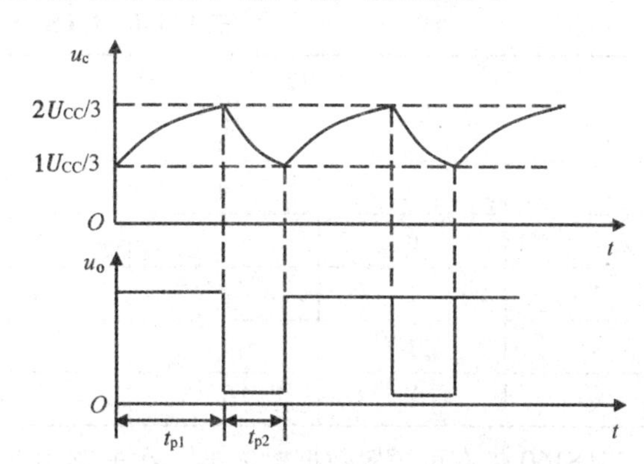

图 5.6.3　多谐振荡器电路的波形

第一个暂稳状态的脉冲宽度 t_{p1}，即 u_C 从 $\frac{1}{3}U_{CC}$ 充电上升到 $\frac{2}{3}U_{CC}$ 所需的时间，这里

$$t_{p1} \approx (R_1+R_2)C\ln 2 = 0.7(R_1+R_2)C$$

第二个暂稳状态的脉冲宽度 t_{p2}，即 u_C 从 $\frac{2}{3}U_{CC}$ 放电下降到 $\frac{1}{3}U_{CC}$ 所需的时间，这里

$$t_{p2} \approx R_2 C\ln_2 = 0.7R_2 C$$

振荡周期

$$T = t_{p1} + t_{p2} \approx 0.7(R_1 + 2R_2)C$$

占空比

$$D = \frac{R_1 + R_2}{R_1 + 2R_2}$$

振荡频率

$$f = \frac{1}{T} = \frac{1.44}{(R_1 + 2R_2)C}$$

由 555 定时器组成的振荡器，最高工作频率可达 300 kHz。

2. 计数器

本设计中的计数器采用 74LS160，它是一个同步可预置十进制计数器。该计数器由四个 D 型触发器和若干个门电路构成，内部有超前进位，具有计数、置数、禁止、直接(异步)清零等功能。对所有触发器同时加上时钟，使得当计数器使能输入和内部门发出指令时输出变化彼此协调一致而实现同步工作。这种工作方式消除了非同步(脉冲时钟)计数器中常有的输出计数尖峰。缓冲时钟输入将在时钟输入上升沿触发四个触发器。

这种计数器是可全编程的，即输出可预置到任何电平。当预置是同步时，在置数输入上将建立一低电平，禁止计数，并在下一个时钟脉冲之后不管使能输入是何电平，输出都与建立数据一致。清除是异步的(直接清零)，不管时钟输入、置数输入、使能输入为何电平，清除输入端的低电平把所有四个触发器的输出直接置为低电平。

74LS160 只能记十个数，即 0000~1001(0~9)，到 9 之后再来一个时钟脉冲就回到 0。74LS160 的功能如表 5.6.1 所示，引脚功能见附 2.5。

表 5.6.1　74LS160 真值表

输入					输出
CP	$\overline{L}_D$	$\overline{R}_D$	EP	ET	Q
×	×	0	×	×	全“0”
↑	0	1	×	×	预置数据
↑	1	1	1	1	计数
×	1	1	0	×	保持
×	1	1	×	0	保持

74LS160 带有可预置数据输入端。在电路中，为了能在多级连接应用时比较灵活，还有两个计数允许输入端 EP 和 ET。它们的作用是当 $EP=1$，$ET=1$，且 $\overline{L}_D$ 为高电平时，允许计数器进行正常计数。而当 EP、ET 中有一个为 0 时，计数器禁止计数，保持原有计数状态，但这时可以进行预置。当 $\overline{L}_D$ 为低电平时，在计数脉冲作用下，将数据输入端 D_0、D_1、D_2、D_3的数据送到计数器的输出端。清零端“$\overline{R}_D$”加低电平，可将计数器清零。

(1)N 进制计数器

利用一片计数器 74LS160 可以构成 N 进制计数器($N \leqslant 10$)，其方法如下：

方法一：用反馈复零法。它是利用 74LS160 的清零端，将计数器复位的一种方法。由于 74LS160 是异步清零复位的，因此反馈的数值应等于进制数。其逻辑电路如图 5.6.4 所示。

方法二：利用预置数法。它是利用 74LS160 的置数端，将计数器数据端的数据送到输出端的一种方法。由于 74LS160 是同步置数的，因此置数控制端的控制信号应等于进制数减 1。例如，十进制计数器的逻辑电路如图 5.6.5 所示。

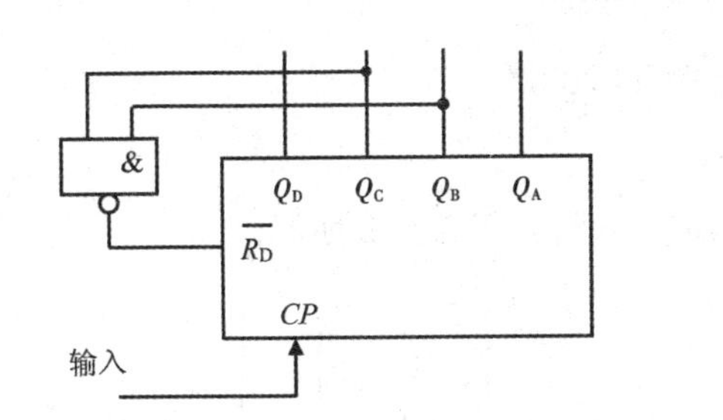

图 5.6.4 反馈复零法电路

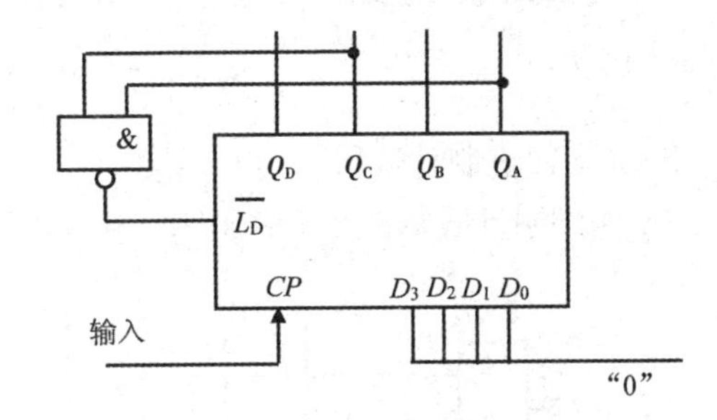

图 5.6.5 预置数法电路

方法三：利用进位输出端置最小数法，见图 5.6.6。

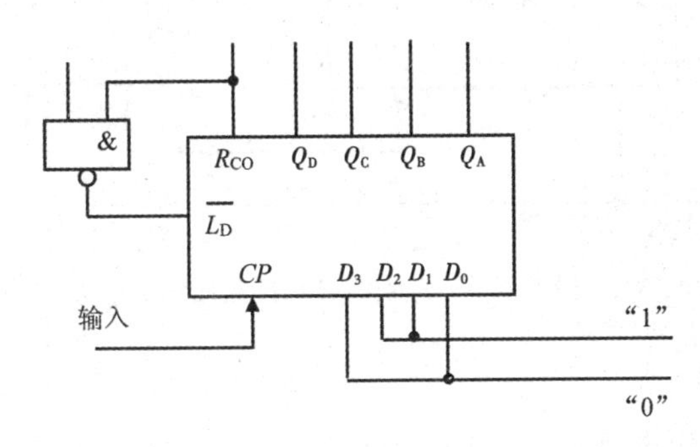

图 5.6.6 利用进位输出端置最小数法电路

利用进位输出 $R_{CO}=1$，使预置控制端 $\overline{L}_D=0$，而当计数器进入 9 时，会自动跳到预置数据 6，形成十进制计数器，则计数始终在 6 到 9 之间循环计数。

实际上，计数器和分频器的逻辑功能相同。一般来说，N 进制计数器的进位输出脉冲就是计数脉冲的 N 分频。因此计数器又可作为分频器。

用一片 74LS160 可以获得 10 以内的各种分频电路，如果把 74LS160 电路多级连接后，可以获得任意数的分频器。

如果将两片 74LS160 级连，可以作为 100 以内的任意分频器。因为一片 74LS160 是十进制的，两片串联后最大可构成 $10\times10=100$ 进制计数器。如果再用预置数或反馈电路，就可构成 100 以内的任意进制计数器。

(2)六十进制计数器

六十进制计数器由 74LS160 和 74LS00 组成，电路如图 5.6.7 所示。

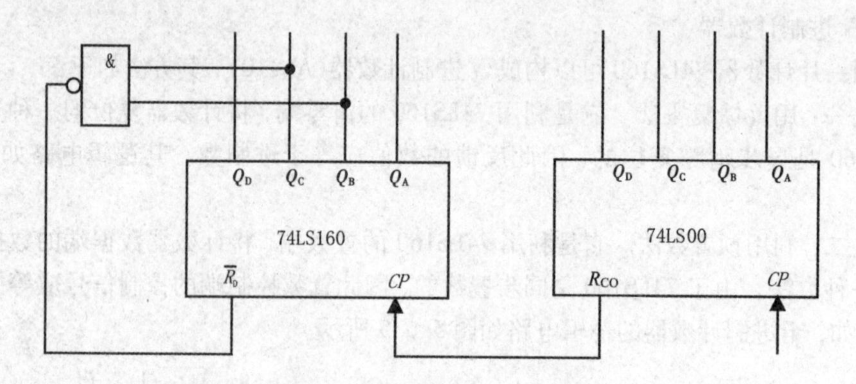

图 5.6.7　六十进制计数器电路

(3)二十四进制计数器

二十四进制计数器由 74LS160 和 74LS00 组成，电路如图 5.6.8 所示。

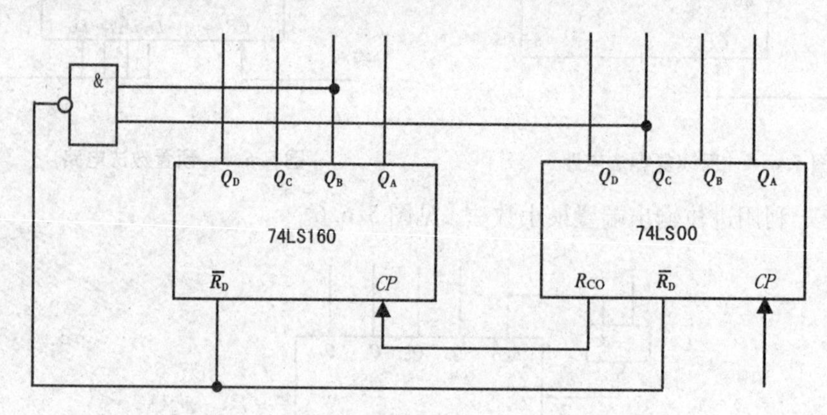

图 5.6.8　二十四进制计数器电路

3. 译码与显示电路

译码是对给定的代码进行翻译，本设计是将时、分、秒计数器输出的四位二进制数代码翻译为相应的十进制数，并通过显示器 LED 七段数码管显示，通常显示器与译码器是配套使用的。本设计选用的七段译码驱动器(CD4511)管是一个用于驱动共阴极 LED(数码管)的 BCD 码-七段译码器，其特点是具有 BCD 转换、消隐和锁存控制。七段译码及驱动功能的 CMOS 电路能提供较大的拉电流，可直接驱动 LED 显示器。

(1)功能介绍

BI：4 脚是消隐输入控制端，当 BI=0 时，不管其他输入端状态如何，七段数码管均处于熄灭(消隐)状态，不显示数字。

LT：3 脚是测试输入端，当 BI=1，LT=0 时，译码输出全为 1，不管输入 DCBA 状态如何，七段均发亮，显示“8”。它主要用来检测数码管是否损坏。

LE：锁定控制端，当 LE=0 时，允许译码输出。LE=1 时译码器是锁定保持状态，译码器输出被保持在 LE=0 时的数值。

A1、A2、A3、A4 为 8421BCD 码输入端。

a、b、c、d、e、f、g 为译码输出端，输出为高电平 1 有效。

CD4511 的内部有上拉电阻，在输入端与数码管笔段端接上限流电阻就可工作。

CD4511 具有锁存、译码、消隐功能，通常以反相器作输出级，通常用以驱动 LED。其引脚见附 2.6。

各引脚的名称：其中 7、1、2、6 分别表示 A、B、C、D；5、4、3 分别表示 LE、BI、LT；13、12、11、10、9、15、14 分别表示 a、b、c、d、e、f、g。左边的引脚表示输入，右边表示输出，还有两个引脚 8、16 分别表示的是 U_{CC}、U_{SS}。

(2) CD4511 的工作原理

① 锁存：译码器的锁存电路由传输门和反相器组成，传输门的导通或截止由控制端 LE 的电平状态决定。

当 LE 为“0”电平时，导通；当 LE 为“1”电平时，有锁存作用。

② 译码：CD4511 译码用两级或非门担任，为了简化线路，先用二输入端与非门对输入数据 B、C 进行组合，得出 $\overline{BC}$、$\overline{\bar{B}C}$、$\overline{B\bar{C}}$、$\overline{\overline{BC}}$ 四项，然后将输入的数据 A、D 一起用或非门译码。

③ 消隐：BI 为消隐功能端，该端施加某一电平后，迫使 B 端输出为低电平，字形消隐。当输入 BCD 代码从 1010~1111 时，从而使显示器中的字形消隐（各字段都截止，即各字段都不亮）。

8421 与 BCD 码对应的显示见图 5.6.9。

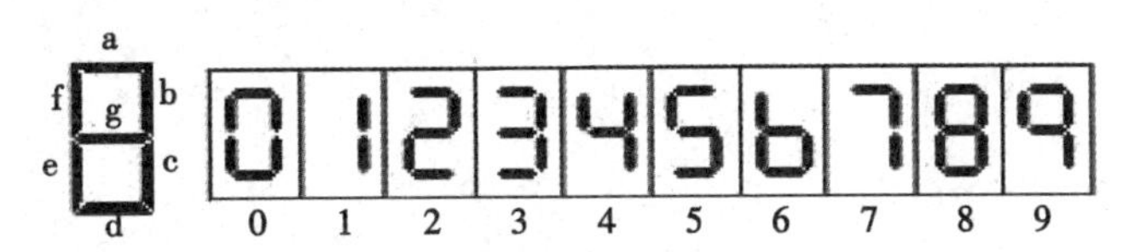

图 5.6.9　8421 与 BCD 码对应的显示关系

译码驱动及显示电路如图 5.6.10 所示。

【安装调试】

① 按照原理电路图分别安装脉冲振荡器单元电路，秒、分、时计数单元电路和译码驱动单元电路。

② 测试并观察各单元电路，看它们能否正常工作。

③ 将调试好的脉冲振荡器单元电路，秒、分、时计数单元电路和译码驱动单元电路，连在一起进行整机调试。

【功能验证】

① 接通电源观察和测试秒脉冲振荡器单元电路输出，看输出波形的形状和频率是否符合设计要求。

② 将各计数器清零后，观察各计数器单元电路是否能否正常工作，各进制数是否正确。

③ 对数字电子钟校时，观察系统运行状态是否正常。

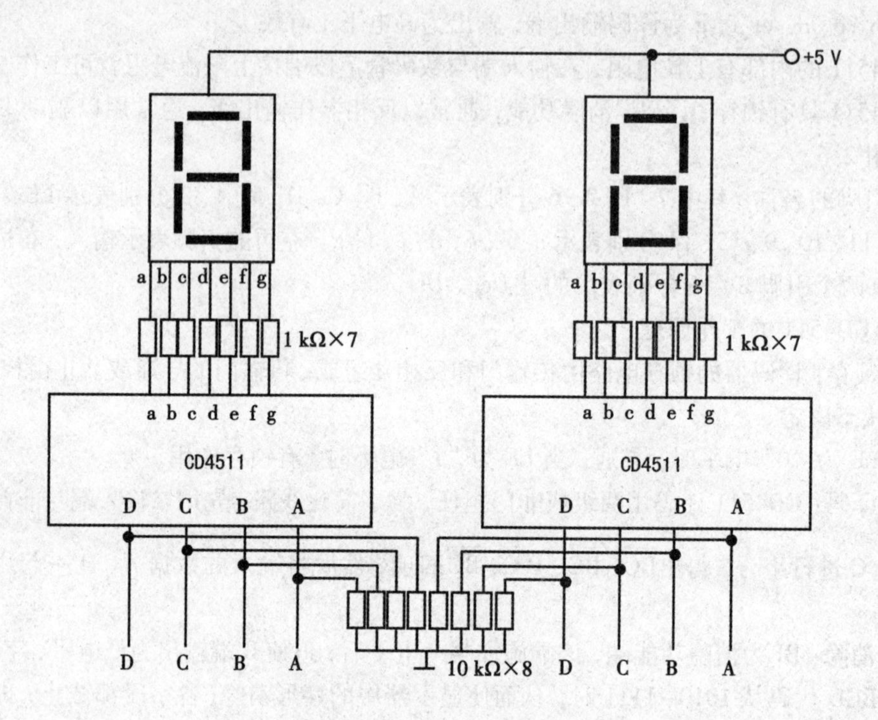

图 5.6.10 译码显示电路

附录1　常用电子设备及仪表简介

附 1.1　数字万用表

万用表又称三用表，是一种多量程、多用途的电工仪表。可以用它来测量交流和直流的电压、电流与电阻，有的还可以测量电感、电容和电平以及三极管直流电流放大倍数等。由于万用表具有灵敏度高、量程多、用途广以及使用和携带方便等优点，因此被广泛采用。下面介绍一下实验室常用的两种数字万用表。

附 1.1.1　FLUKE15B 型数字万用表

FLUKE15B 型数字万用表如附图 1.1.1 所示，下面予以详细介绍。

① 电池的省电模式。如果连续 30 min 既未使用电表也没有输入信号，电表将进入“睡眠模式”，显示屏呈空白。按任何按钮或转动旋转开关，唤醒电表。如果要禁用“睡眠模式”，在开启电表的同时，按下“黄色”按钮。

② 手动量程及自动量程。电表有手动及自动量程两种选择。在自动量程模式内，电表会为检测到的输入选择最佳量程，这时转换测试点无需重置量程。也可以用手动的方式选择量程。在有超出一个量程的测量功能中，电表的默认值为自动量程模式。当电表在自动量程模式时，会显示 AUTO RANGE。在手动方式时，每按 RANGE 一次，会递增一个量程。当达到最高量程时，电表会回到最低量程。要退出手动量程模式，按住 RANGE 2 s。

附图 1.1.1　FLUKE15B 型数字万用表

③ 交流或直流电压、交流或直流电流的测量。若要最大限度地减少包含交流或直流电压元件的未知电压产生不正确读数，首先要选择电表上的交流电压功能，特别记下产生正确测量结果所需的交流电量程。然后手动选择直流量程，其直流量程应等于或高于先前记下的交流量程。利用此程序，使精确测量直流电时，交流电瞬变的影响减至最小。

④ 电阻的测量。在测量电阻或电路的通断性时，为了避免受到电击或造成电表损坏，请确保电路的电源已经关闭，并将所有电容器放电。

⑤ 通断性测试。当选中了电阻模式，按两次黄色按钮，可启动通断性蜂鸣器。若电阻不超过 50 Ω，蜂鸣器会发出连续音，表明短路。若电表读数为 OL，则表示是开路。

⑥ 测试二极管。在测量电路二极管时，为了避免受到电击或造成电表损坏，请确保电路的电源已经关闭，并将所有电容器放电。将红色探针接到待测二极管的阳极，而黑色探针接到阴极，显示屏上的为正向偏压值；若测试导线的电极与二极管的电极反接，则显示屏读数会是 OL。这可以用来区分二极管的阳极和阴极。

⑦ 测试电容。为了避免损坏电表，在测量电容前，请断开电路电源，并将所有高压电容器放电。

将探针接触电容器导线，待读数稳定后(长达 15 s)，阅读显示屏上的电容值。

⑧ 测试保险丝。为了避免受到电击或人员伤害，在更换保险丝前，请先取下测试导线。

将旋转开关转到 Ω 挡位，将测试导线插入 V 端子，并将探针接触 A、mA 或 μA 端子，若读数介于 0 Ω 至 0.1 Ω 之间，则证明 A 端子保险丝是完好的；若读数介于 0.99 kΩ 至 1.01 kΩ 之间，则证明 mA 或 μA 端子保险丝是完好的；若显示读数为 OL，请更换保险丝后，再测试。

附 1.1.2　C. A5215 型真有效值数字万用表

C. A5215 型真有效值数字万用表如附图 1.1.2 所示，下面予以详细介绍。

(1)手动和自动量程

自动量程：开机默认为自动量程，在自动量程模式下，万用表自动选择最佳量程，以便变换测量点时无需重置量程。

手动量程：按下 RANGE 量程按键。每按一下，量程增加，增加到最大量程后切换回最小量程。长按量程按键 2 s 以上可以退出手动量程。

(2)读数锁定键

当前按下 HOLD 键锁定当前读数，再次按下可以解除锁定回到正常模式。

附图 1.1.2　C. A5215 型真有效值数字万用表

(3)最大最小值测量

在所选定的功能下，通过按下 Max-Min 按键，万用表可以显示最大值、最小值和最大最小值之差。

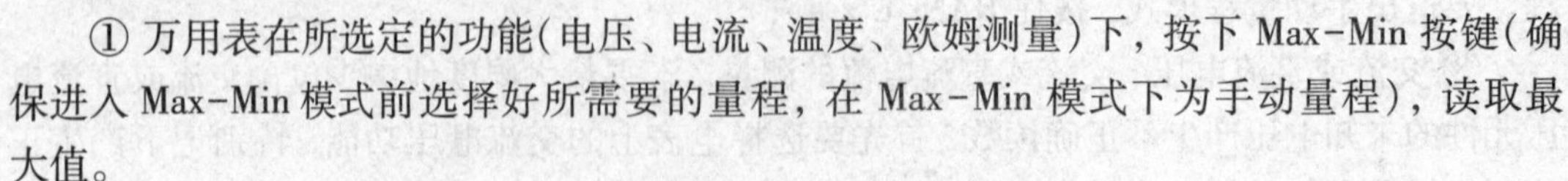

① 万用表在所选定的功能(电压、电流、温度、欧姆测量)下，按下 Max-Min 按键(确保进入 Max-Min 模式前选择好所需要的量程，在 Max-Min 模式下为手动量程)，读取最大值。

② 再次按下 Max-Min 按键，可读取最小值。

③ 第三次按下 Max-Min 按键，可读取最大值与最小值之差。

④ 长按 Max-Min 按键超过 2 s 可回到正常测量模式。

⑤ 自动量程在最大值-最小值功能下不可用。

(4)相对值测量

NCV、频率、占空比、二极管、导通性测量不具备相对值测量功能，自动量程功能在相对测量值功能下不可用。

① 万用表在所选定的功能下，用测试表笔测量电路特定参数作为基础值。(确保进入相对值测量模式前选择好所需要的量程，在相对值测量模式下为手动量程)

② 按下 ΔRel 按键存储测量值作为参考值，并启动相对测量模式，后续测量值与参考值的差值就会显示在屏幕上。

③ 按下 ΔRel 按键可回到正常测量模式。

(5)交直流电压测量

① 旋钮转向 V⩳ 或 $V_{⩳}^{lowz}$。

② 按黄色按钮，可在交流或直流电压测量之间切换(Vlowz 仅在交流测量下有效)。

③ 红色测试表笔连接“+”端子，黑色测试表笔连接到公共端(COM)。

④ 探针接触被测电路的测试点进行电压测量。

为避免测量“虚电压”，请选择 $V_{⩳}^{lowz}$，此时万用表的输入阻抗会小得多(500 kΩ)。

(6)交直流电流测量

① 旋钮转向交直流 A、mA 或 μA。

② 按黄色按钮可在交流或直流电流测量之间切换。

③ 红色测试表笔插到到 A、mA 或 μA 端子孔中，黑色测试表笔插到 COM 端子孔中。

④ 断开要测量的电路，探针连接到电路的两断点并接通电源。

⑤ 读取屏幕上的电流值。

测量电流超过 10 A 万用表会发出报警声，超过保险丝的额定电流，保险丝会熔断。

(7)导通性、电阻、二极管及电容的测量

在测量电路导通性、电阻或二极管时，为避免测量过程中可能产生的电击或损坏仪表，应确保电路电源关断，电容已经放电。

① 导通性测量：将旋钮转向 Ω 位置并确保测量电路断开电源。红色测试表笔连接到“+”端子，黑色测试表笔连接到 COM 端子，测量电路所选点。如果阻值小于 50 Ω，蜂鸣器响起，说明电路导通；如果阻值大于 600 Ω 显示 OL，表示开路。

② 电阻测量：在导通性测量模式下按下黄色按键 1 次，进入电阻测量模式。红黑表笔搭接在被测电阻两端，并读取显示数值。如果电阻大于 60 MΩ，万用表显示 OL。

③ 二极管测量：在导通性测量模式下按下黄色按键 2 次，进入二极管测量模式。红色表笔接被测二极管的阳极，黑色表笔接被测二极管的阴极，显示值为正向偏置电压。如果与二极管极性接反或正向偏置电压大于 3 V，则显示 OL。通过测量可以用来识别二极管的正负极。

④ 电容测量：在导通性测量模式下按下黄色按键 3 次，进入电容测量模式。红黑表笔搭接在被测电容两端，等显示值稳定后读取数值。

(8)非接触时电压测量

NCV 只能检测对地的交流电压，而且在检测时不用接触被测交流电压。

① 移除万用表上所有测试线缆。

② 旋钮转向 NCV。

③ 将显示屏靠近导体，若无交流电压则显示屏会显示 EF 并且不发声；若有交流电压则会有 4 个等级，从-到----。-蜂鸣器会断续响，----蜂鸣器会连续响起，背景灯会闪红色。此检测主要针对的是 220/230V 的交流电压。NCV 仅用于指示或检测有无交流电压，不能用于测量电压。

(9)低输入阻抗挡位测量 Vlowz

Vlowz 是用比正常测量更低的输入阻抗测量交流电压，此功能用来避免“虚电压”。

附 1.2　数字示波器

示波器是常用的图形显示和测量仪器，可以用它来观察、测量电压(或经转换为电压的电流)的波形、幅值、频率和相位等，是实验中不可缺少的仪器。示波器的种类很多，本节介绍实验室常用的几种示波器。

附 1.2.1　SDS1072CM 数字存储示波器

1. 前面板简介

示波器前面板上包括旋钮和功能按键。显示屏右侧的一列 5 个灰色按键为菜单操作键，通过它们，用户可以设置当前菜单的不同选项。其他键为功能键，通过它们，用户可以进入不同的功能菜单或直接获得特定的功能应用。示波器前面板结构如附图 1.2.1 所示。

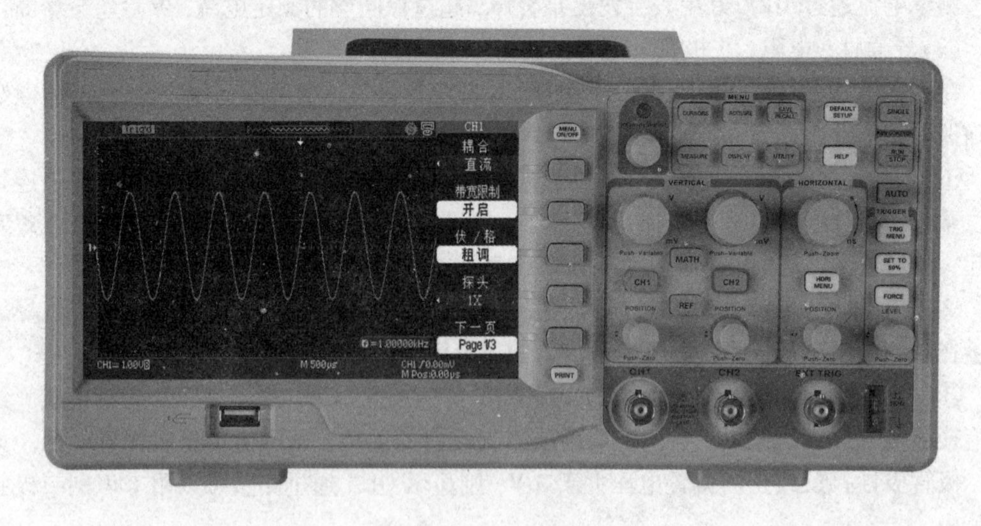

附图 1.2.1　前面板

2. 功能介绍及操作

(1)菜单和控制按钮

数字存储示波器的功能及使用方法，整个操作区域的菜单和控制按钮功能如附表 1.2.1 所示。

附表 1.2.1 菜单和控制按钮及其功能

菜单和控制按钮	功能
CH1 和 CH2	显示通道 1、通道 2 设置菜单
MATH	显示【数学计算】功能菜单
REF	显示【参考波形】菜单
HORI MENU	显示【水平】菜单
TRIG MENU	显示【触发】控制菜单
SET TO 50%	设置触发电平为信号幅度的中点
FORCE	无论示波器是否检测到触发，都可以使用【FORCE】按钮完成对当前波形的采集。该功能主要应用于触发方式中的【正常】【单次】
SAVE/FECALL	显示设置和波形的【存储/调出】菜单
ACQUIRE	显示【采样】菜单
MEASURE	显示【自动测量】菜单
CURSORS	显示【光标】菜单。当显示【光标】菜单且无光标激活时，【万能旋钮】可以调整光标的位置。离开【光标】菜单后，光标保持显示(除非【类型】选项设置为【关闭】)，但不可调整
DISPLAY	显示【显示】菜单
UTILITY	显示【辅助系统】功能菜单
DEFAULT SETUP	调出厂家设置
HELP	进入在线帮助系统
AUTO	自动设置示波器控制状态
RUN/STOP	连续采集波形或停止采集。注意：在停止状态下，对于波形垂直挡位和水平时基，可以在一定范围内调整，即对信号进行水平或垂直方向上的扩展
SINGLE	采集单个波形，然后停止

(2)自动设置

数字存储示波器具有自动设置的功能。根据输入的信号，可以自动调整电压挡位、时基和触发方式，以显示波形最好形态。【AUTO】按钮为自动设置的功能按钮。

自动设置也可在刻度区域显示几个自动测量结果，这取决于信号类型。【AUTO】自动设置基于以下条件确定触发源：

① 若多个通道有信号，则将具有最低频率信号的通道作为触发源。

② 未发现信号，则将调用自动设置时所显示编号最小的通道作为触发源。

③ 未发现信号并且未显示任何通道，示波器将显示并使用通道 1。

(3)默认设置

示波器在出厂前被设置为用于常规操作，即默认设置。

【DEFAULT SETUP】按钮为默认设置的功能按钮，按下【DEFAULT SETUP】按钮调出厂家多数的选项和控制设置，有的设置不会改变。

(4)万能旋钮

万能旋钮具有以下功能：

当旋钮上方灯不亮时，旋转旋钮可调节示波器波形亮度；在 PASS/FAIL 功能中，调节规则的水平和垂直容限范围；在触发菜单中，设置释抑时间、脉宽；光标测量中调节光标位置；视频触发中设置指定行；波形录制功能中录制和回放波形帧数的调节；滤波器频率上下限的调整；各个系统中调节菜单的选项；存储系统中，调节存储/调出设置、波形、图像的存储位置。

3. 应用示例

本节主要介绍几个应用示例，这些简化示例重点说明了示波器的主要功能，供用户参考，以用于解决实际的测试问题。

(1)简单测量

观测电路中一未知信号，迅速显示和测量信号的频率与峰峰值。

① 使用自动设置。要快速显示该信号，可以按照如下步骤进行：

按下【CH1】按钮，将探头选项衰减系数设定为 10×，并将探头上的开关设定为 10×。

将通道 1 的探头连接到电路被测点。

按下【AUTO】按钮，示波器将自动设置垂直、水平、触发控制。若要优化波形的显示，可在此基础上手动调整上述控制，直至波形的显示符合要求。

② 进行自动测量。示波器可以自动测量大多数的显示信号。要测量信号的频率、峰峰值，可以按照如下步骤进行：

A. 测量信号的频率：

a. 按【MEASURE】按钮，显示自动测量菜单。

b. 按下顶部的选项按钮。

c. 按下【时间测试】选项按钮，进入时间测量菜单。

d. 按下【信源】选项按钮，选择信号输入通道。

e. 按下【类型】选项按钮，选择【频率】。

相应的图标和测量值会显示在第三个选项处。

B. 测量信号的峰峰值：

a. 按下【MEASURE】按钮，显示自动测量菜单。

b. 按下顶部的选项按钮。

c. 按下【电压测试】选项按钮，进入电压测量菜单。

d. 按下【信源】选项按钮，选择信号输入通道。

e. 按下【类型】选项按钮，选择【峰峰值】。

相应的图标和测量值会显示在第三个选项处。

(2)光标测量

使用光标可以快速对波形进行时间和电压测量。

附 1.2.2 GDS-1102B 数字存储示波器

1. 前面板和用户界面简介

GDS-1102B 数字存储示波器前面板上包括旋钮和功能按键。显示屏右侧的一列 5 个和下方的一行 7 个灰色按键为菜单操作键，通过它们，用户可以设置当前菜单的不同选项。其他键为功能键，通过它们，用户可以进入不同的功能菜单或直接获得特定的功能应用。示波器前面板结构如附图 1.2.2 所示。

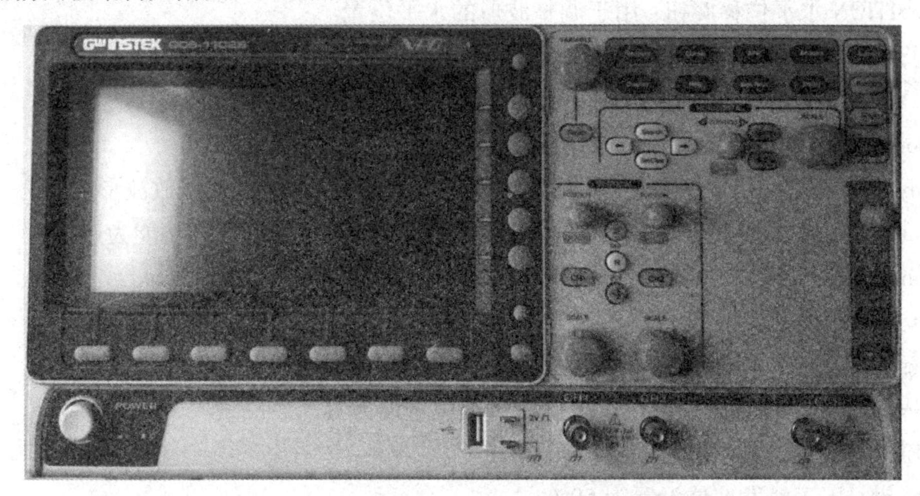

附图 1.2.2 GDS-1102B 数字存储示波器前面板结构

前面板按键及各旋钮功能介绍如下。

POWER 键：电源开关键(开机 ON/关机 OFF)。

MENU OFF 键：隐藏系统菜单键。

OPTION 键：进入安装状态。

MenuKeys 键：右侧菜单键和底部菜单键，用于选择 LCD 屏上的界面菜单。7 个底部菜单键位于显示面板底部，用于选择菜单项，面板右侧的菜单键用于选择变量或选项。

Hardcopy 键：一键保存或打印。

VARIABLE 旋钮：可调旋钮用于增加/减少数值或选择参数。

Select 键：用于确认选择。

Function keys 键：进入和设置 GDS-1000B 的不同功能。

Measure 键：设置和运行自动测量项目。

Cursor 键：设置和运行光标测量。

APP 键：设置和运行。

Acquire 键：设置捕获模式，包括分段存储功能。

Display 键：显示设置。

Help 键：显示帮助菜单。

Save/Recall 键：用于存储和调取波形、图像、面板设置。

Utility 键：可设置 Hardcopy、显示时间、语言、探棒补偿和校准。进入文件工具菜单。

Autoset 键：自动设置触发、水平刻度和垂直刻度。

Run/Stop Key 键：停止(Stop)或继续(Run)捕获信号。Run/Stop 键也用于运行或停止分段存储的信号捕获。

Single 键：设置单次触发模式。

Default Setup 键：恢复初始设置。

Horizontal Controls 单元：用于改变光标位置、设置时基、缩放波形和搜索事件。

POSITION 水平位移旋钮：用于调整波形的水平位置。

PUSH TO ZERO：按旋钮将位置重设为零。

SCALE 水平方向扫描速度旋钮：用于改变水平刻度(TIME/DIV)。

Zoom 键：与水平位置旋钮结合使用。

Play/Pause 键：用于查看每一个搜索事件。也用于在 Zoom 模式播放波形。

Search 键：进入搜索功能菜单，设置搜索类型、源和阈值(该搜索功能为选配)。

Search Arrows 键：方向键用于引导搜索事件。

Set/Clear 键：当使用搜索功能时，Set/Clear 键用于设置或清除感兴趣的点。

Trigger Controls 单元：用于控制触发准位和选项。

LEVEL 旋钮：设置触发准位。按旋钮将准位重设为零。

MENU 键：用于显示触发菜单。

50%键：用于触发准位设置为 50%。

Force-Trig 键：用于立即强制触发波形。

POSITION 垂直位移旋钮：设置波形的垂直位置。

PUSH TO ZERO：按下旋钮时可将垂直位置重设为零。

CH1 通道 1 选择键：用于设置示波器内部工作的通道。

CH2 通道 2 选择键：用于设置示波器内部工作的通道

VERTICAL SCALE 垂直衰减旋钮：设置通道的垂直刻度。

MATH 键：设置数学运算功能。

REF 键：设置或移除参考波形。

USB 键：用于数据传输。

CH1：接收输入信号输入阻抗：1 MΩ。

Ground Terminal 连接待测物的接地线，共地 Probe。

Compensation Outputs 用于探棒补偿。它也具有一个可调输出频率。默认情况下，该端口输出 Upp，方波信号，1 kHz 探棒补偿。

2. 基本测量

该部分介绍捕获和观察输入信号的基本操作，包括：激活通道、关闭通道、自动设置、面板操作。

(1)通道激活与关闭

按 channel 键开启输入通道激活后，通道键变亮，同时显示相应的通道菜单。每通道以不同颜色表示：CH1：黄色，CH2：蓝色，激活通道显示在底部菜单。再按相应 channel 键关闭通道。

默认设置：按 Default 键恢复出厂状态。

(2)自动设置

自动设置功能将输入信号自动调整在面板最佳的视野位置。GDS-1000B 自动设置如下参数：水平刻度、垂直刻度、触发源通道。

(3)面板操作

① 将输入信号连接到示波器输入接口，按 Autoset 键。

② 波形显示在屏幕中心。

③ 按底部菜单的 Undo Autoset，取消自动设置。

(4)改变模式

① 从底部菜单选择全屏幕显示模式(Fit Screen Mode)和 AC 优先模式(AC Priority Mode)。

② 再按 Autoset 键进行自动设置。

自动设置功能不能在下述条件中工作：输入信号频率小于 20 Hz，输入信号幅值小于 10 mV。

(5)运行/停止

默认情况下，波形持续更新(运行模式)。通过停止信号捕获冻结波形(停止模式)，用户可以灵活观察和分析信号。两种方法进入停止(Stop)模式：按 Run/Stop 键或使用单次触发模式。

停止模式图标 Stop 处于停止模式时，Stop 图标显示在屏幕最上方，触发图标 Trig'd Run/Stop 键冻结波形。

按一次 Run/Stop 键，指示灯变红，此时冻结波形和信号获取。再按 Run/Stop 键取消冻结，指示灯再次变绿。

(6)单次触发模式冻结波形

按 Single 键进入单次触发模式，指示灯呈亮白色单次触发模式下，示波器保持在预触发模式，直至下一次触发点到达。示波器触发后停止捕获信号，直至再次按 Single 键或 Run/Stop 键。

(7)波形操作

在运行和停止模式下，波形可以以不同方式移动和调整水平位置/刻度和垂直位置/刻度。

(8)水平位置/刻度

设置水平位置：调节 POSITION 水平位置旋钮左右移动波形。按水平位置 POSITION 旋钮可将水平位置重设为 0。或者按 Acquire 键，然后按底部菜单上的 Reset H Position to 0s 也可以重设水平位置。移动波形时，屏幕上方的内存条显示了当前波形和水平标记的位置。水平位置显示在屏幕下方 H 图标的右侧。

选择水平刻度：旋转水平 SCALE 旋钮选择时基；左(慢)或右(快)，范围是 1 ns/div~100 s/div(1-2-5 步进)。刻度显示在屏幕下方 H 图标的左侧。

(9)垂直位置/刻度

设置垂直位置：旋转 vertical position knob 上下移动波形，按 vertical position knob 将位置重设为 0。移动波形时，屏幕显示光标的垂直位置。

选择垂直刻度：旋转垂直 SCALE 旋钮改变垂直刻度；左(下)或右(上)，范围是 1 mV/div~10 V/div(1-2-5 步进)。垂直刻度指示符位于屏幕下方。

3. 自动测量

自动测量功能可以测量和更新电压/电流、时间和延迟类型等主要测量项。

电压/电流测量：Pk-Pk(峰峰值)正向与负向峰值电压之差(Max-Min)、Max 正向峰值电压、Min 负向峰值电压。

时间测量：Frequency 波形频率、Period 波形周期(1/Freq)。

所有自动测量值都显示在屏幕下方。通道与颜色的对应关系如下：对于模拟输入黄色为 CH1，蓝色为 CH2。

选择信号来源：通道信号来源必须在测量前或选择测量项目时设置。在右侧菜单中按 Source1 或 Source2 设置和选择信号来源(范围 CH1~CH2)。Source2 仅用于延迟测量。

删除测量项：使用 Remove Measurement 功能可以随时删除任何一个测量项，按 Remove All 删除所有测量项。

显示所有模式：Display All 模式显示和更新所有电压和时间类型的测量结果。查看测量结果的方法是按 Measure 键、选择底部菜单中的 Display All、在右侧菜单中选择信号来源。范围是 CH1~CH2，按屏幕右侧菜单中的 OFF 可关闭测量结果。

4. 光标测量

水平或垂直光标可以显示波形位置、波形测量值以及运算操作结果，涵盖电压、时间、频率和其他运算操作。一旦开启光标(水平、垂直或二者兼有)，除非关闭操作，否则这些内容将显示在主屏幕上。

使用水平光标具体操作方法如下。

① 按一次 Cursor 键。

② 从底部菜单中选择 H Cursor。

③ 重复按 H Cursor 或 Select 键切换光标类型：

左光标(❶)可移动，右光标位置固定；

右光标(❷)可移动，左光标位置固定；

左右光标(❶+❷)同时移动。

④ 光标位置信息显示在屏幕左上角 Cursor❶水平位置，电压/电流；Cursor❷水平位置，电压/电流；ΔDelta(两光标间的数值差)dV/dt 或 dI/dt。

⑤ 使用 Variable 旋钮左/右移动光标。

⑥ 按 H Unit 改变水平位置的单位 s，Hz，%(ratio)，°(phase)。

⑦ 按 Set Cursor Positions As 100%为当前光标位置，设置 0%和 100%比例或 0°和 360°相位基准。

使用垂直光标具体操作方法如下：

① 按两次 Cursor 键。

② 从底部菜单中选择 V Cursor。

③ 重复按 V Cursor 或 Select 键切换光标类型：

a. 上光标为实线(¯¯)下光标为虚线(......)时代表上光标可移动，下光标位置固定；

b. 下光标为实线(__)上光标为虚线(¨¨¨¨)时代表下光标可移动，上光标位置固定；

c. 上下光标均为实线时代表上下光标可同时移动。

调节光标位置及水平单位和垂直单位选择如附图 1.2.3 所示。

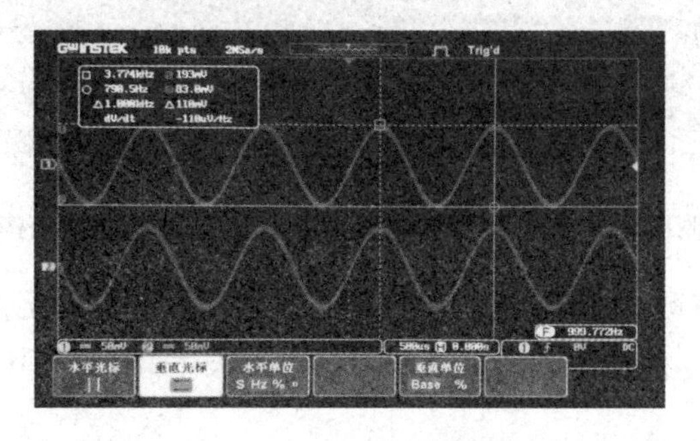

附图 1.2.3 屏幕上水平和垂直单位的选择

④ 光标位置信息显示在屏幕左上角，如附图 1.2.4 所示。

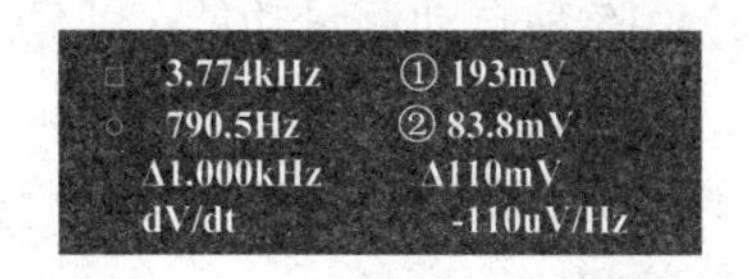

附图 1.2.4 屏幕上光标位置信息

图中：□、○为时间：光标 1，光标 2；

❶、❷为电压/电流：光标 1，光标 2；

Δ 为 Delta(两光标间的数值差)d*V*/dt 或 d*I*/dt。

⑤ 使用 Variable 旋钮上/下移动光标。

⑥ 按 V Unit 改变垂直位置的单位，Base(源波形单位)，%(ratio)。

⑦ 按 Set Cursor Positions As 100%为当前光标位置，设置 0%和 100%比例基准。

附 1.2.3 GDS-806S 数字存储示波器

(1)前面板简介

示波器前面板上包括旋钮和功能按键。显示屏右侧的一列 5 个灰色按键为菜单操作键，通过它们，用户可以设置当前菜单的不同选项。其他键为功能键，通过它们，用户可以进入不同的功能菜单或直接获得特定的功能应用。示波器前面板结构如附图 1.2.5 所示。

(2)数字存储示波器 GDS-806S 使用说明

① 面板右上角(ON/STBY)：示波器开关。

② 选择使用功能按键(Utility)→F4 选择语言[中文(简)]。

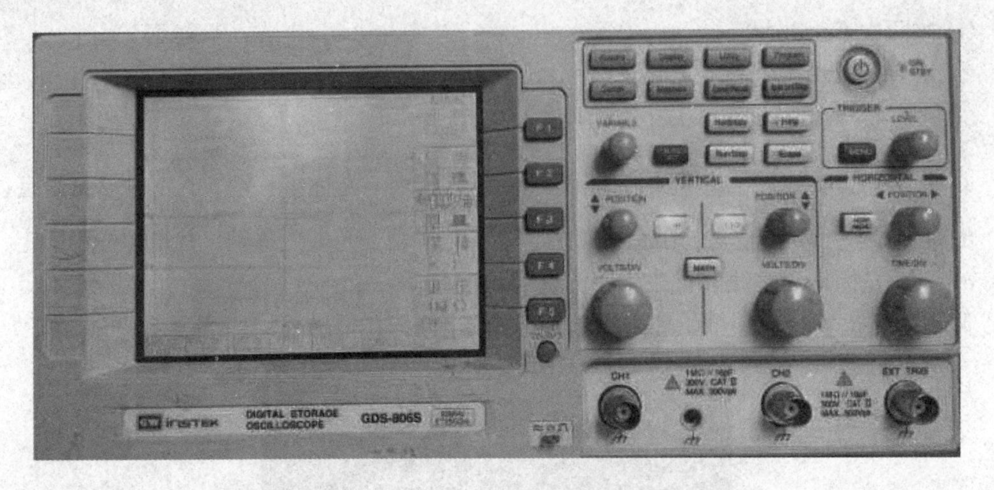

附图 1.2.5　GDS-806S 数字存储示波器前面板结构

③ 自动捕逐蓝色按键（AUTO SET）：自动调节信号轨迹的设定值。

④ CH1、CH2 按键：通道 1 和通道 2 波形显示开关，如果通道 1 或 2 被关闭，LED 指示灯会熄灭。

⑤ 电压幅值衰减旋钮（VOLTS/DIV）：CH1、CH2 通道分别调节垂直刻度。

⑥ 扫描速度旋钮（TIME/DIV）：调节水平刻度。

⑦ 自动测量按键（Measure）：15 种自动测量功能，可显示频率、峰峰值、占空率、周期、脉宽、平均值等。

⑧ 类型按键（Cursor）：与多功能控制按键（VARIABLE）相配合，可测 T、Δ、f、U 参数。

F1 信号源：选择 CH1、CH2 通道；

F2 水平：可启动水平游标功能（水平游标可以任意单独移动游标或是双游标一起移动，旋转 VARIABLE 钮可移动游标位置）。

使用水平游标时所显示信息为：

$T1$：第一个游标所显示之时间值；

$T2$：第二个游标所显示之时间值；

Δ：$T1$ 与 $T2$ 之时间差异；

f：$T1$ 与 $T2$ 之间的频率差异；

F3 垂直：可启动垂直游标功能。垂直游标可以任意单独移动游标或是双游标一起移动，旋转 VARIABLE 钮可移动游标位置。

使用垂直游标时所显示信息为：

$V1$：第一个游标所显示之电压值；

$V2$：第二个游标所显示之电压值；

Δ：$V1$ 与 $V2$ 之电压差异。

⑨ 示波器使用上如有疑问，按 Help 键，按提示操作。

附1.3 数字信号发生器

信号发生器是用来产生一定频率和一定电压幅度函数信号的电子仪器。信号发生器的种类很多，本节仅对MFG-2120MA型数字信号发生器、GFG-8216A功率数字信号发生器进行简单介绍。

附1.3.1 MFG-2120MA数字信号发生器

MFG-2120MA系列高性能函数/任意波形发生器采用直接数字合成(DDS)技术，可生成精确、稳定、纯净、低失真的输出信号，还能提供高达25 MHz、具有快速上升沿和下降沿的方波。

1. 前面板简介

MFG-2120MA系列函数/任意波形发生器向用户提供了明晰、简洁的前面板，如附图1.3.1所示。前面板包括LCD显示屏、参数操作键、波形选择键、数字键盘、功能键、方向键、旋钮和通道选择键。

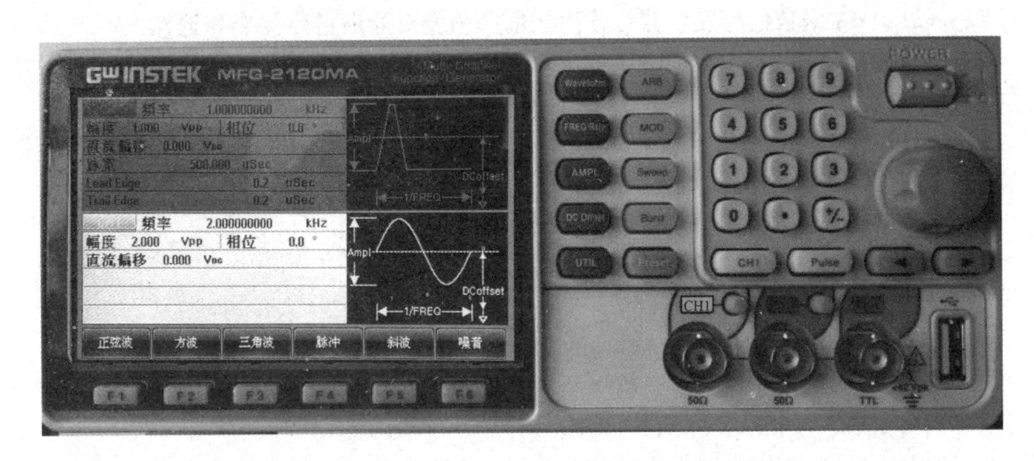

附图1.3.1 MFG-2120MA数字信号发生器面板结构

LCD显示屏：TFT彩色LCD显示，480×272分辨率。

功能键：F1~F6位于LCD屏下侧，用于功能激活和选择。

操作键：由Waveform、FREQ/Rate、AMPL、DC Offset、OTIL、ARB、MOD、Sweep、Burst、Preset 10个按键组成，各按键功能分别介绍如下。

Waveform键：用于选择波形类型。

FREQ/Rate键：用于设置频率或采样率。

AMPL键：用于设置波形幅值。

DC Offset键：设置直流偏置。

OTIL键：用于进入存储和调取选项、更新和查阅固件版本、进入校正选项、系统设置、双信道功能、计频计。

ARB 键：用于设置任意波形参数。

MOD、Sweep 和 Burst 键：用于设置调制、扫描和脉冲串选项和参数。

Preset 复位键：用于调取预设状态。

CH1、Pules 键：用于信号发生器内部通道切换。

输出单元由 CH1、Pules/RF 按钮和对应的接口组成，用于打开或关闭波形输出。

CH1 接口：是通道 1 输出端口。

Pulse 键：是 Pulse 通道输出端口。

POWER 键：用于开关机。

USB：是串行接口。

参数设置单元：由数字键盘、可调旋钮和方向键组成。

方向键：在编辑参数时，用于选择数字。

可调旋钮：用于编辑数值和参数(逆时针旋转减小，顺时针旋转增大)。

数字键盘 0~9：用于键入数值和参数，常与方向键和可调旋钮一起使用。

2. MFG-2120MA 输出信号的调试方法

开机输出默认设置为正弦波，频率 1 kHz、幅值 3.000 Vpp、偏置 0.00 Vdc、输出单位 Vpp、输出端 50 Ω。用复位键可恢复默认面板设置。

MFG-2120MA 函数信号发生器在输出之前必须先对通道进行操作和选择。

选择通道的方法是首先按下 CH1 或 Pules 键，选择的通道可以很清楚地被看到，而未被选择的会变淡。

MFG-2120MA 可以输出 6 种标准波形：正弦波、方波、三角波、脉冲波、斜波和噪声波。

(1)按 Waveform 键设置波形

(2)选择正弦波 Sine(按屏幕下方的 F1 键)

(3)设置波形频率，100 kHz(F5)

按 FREQ/Rate 键，位于参数窗口处的 FREQ 参数将变亮。两种方式可设置其大小：

a. 使用方向键将光标移至需要编辑的数字位置，使用可调旋钮编辑数字大小，顺时针增大，逆时针减小；

b. 使用数字键盘用于设置高光处的参数值，通过 F2~F6(μHz~MHz)选择相应单位。

输出频率范围：Sine wave 时输出频率为 1 μHz~320 MHz(max)；Square wave 时输出频率为 1 μHz~25 MHz(max)；Pulse wave 时输出频率为 1 μHz~25 MHz(max)；Ramp wave 时输出频率为 1 μHz~1 MHz。

(4)设置波形幅值 10+PP(F6)

按 AMPL 键，位于参数窗口处的 AMPL 参数将变亮。两种方式可设置其大小：

a. 使用方向键或可调旋钮；

b. 使用数字键，通过 F2~F6 选择相应单位。

输出电压范围：50 Ω load 时输出电压为 1 mVpp~10 Vpp；High Z 时输出电压为 2 mVpp ~20 Vpp。

输出电压单位：mVrms 毫伏的有效值、Vrms 伏的有效值、mVpp 毫伏的峰峰值、Vpp 伏的峰峰值、增益 dBm。

(5)设置直流偏置

按 DC 偏置键，位于参数窗口处的 DC 偏置参数将变亮。两种方式可设置其大小：

a. 使用方向键或可调旋钮；

b. 使用数字键，按 F5(mVdc)或 F6(Vdc)来选择电压范围。50 Ω load Z 时电压为±5 Vpk；High 时电压为±10 Vpk。

(6)设置初始相位

按下通道 CH1 键，选择 CH1 通道后，按 F5(Phase)。两种方式可设置其大小：

a. 使用方向键或可调旋钮；

b. 使用数字键，按 F5(Degree)选择相应单位。

注：进入相位设定界面有两个快捷的操作：当前通道相位设为零 0 Phase；CH1/CH2 相位同时设为零 Sync Int。

(7)输出信号

按 Output 键，可在输出接口上得到设置好的信号。

3. 应用示例

例如：调节信号发生器，使之输出为 2 kHz、2 Vpp 的正弦波信号。

选择通道：首先按下 CH1 键，CH1 通道可以很清楚地被看到，而未被选择的会变淡。

(1)输出波形选择

按 Waveform 键，屏幕如附图 1.3.2 所示，再按屏幕下方的 F1 键，设置输出波形为正弦波。

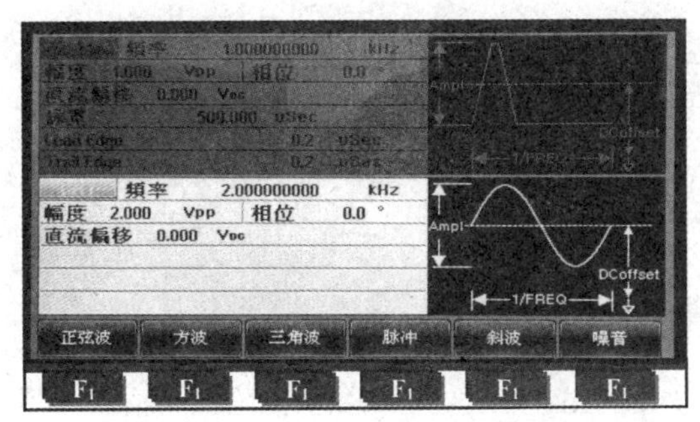

附图 1.3.2　信号的波形选择

(2)设置输出波形频率

按 FREQ/Rate 键，此时位于参数窗口处的频率一行数字被激活变成红色。在数字键盘上输入 2 后，屏幕如附图 1.3.3 所示，此时按下菜单 kHz 下方的按键选择频率单位。

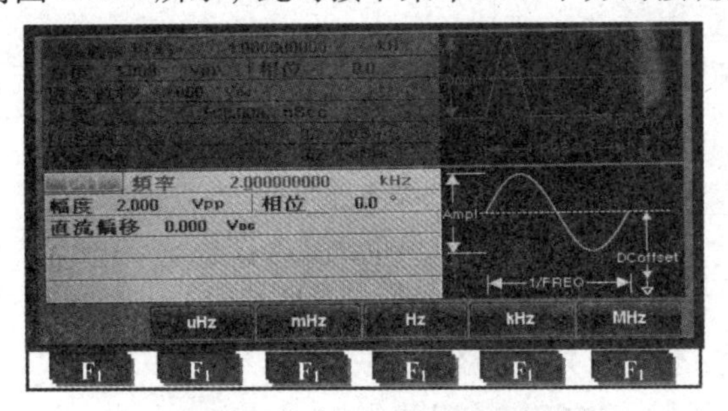

附图 1.3.3　信号的频率设置

(3)设置输出波形幅度

按 AMPL 键，此时位于参数窗口处的幅度一行数字被激活变成红色。在数字键盘上输入 2 后，屏幕如附图 1.3.4 所示，此时按下菜单 Vpp 下方的按键选择幅值单位。

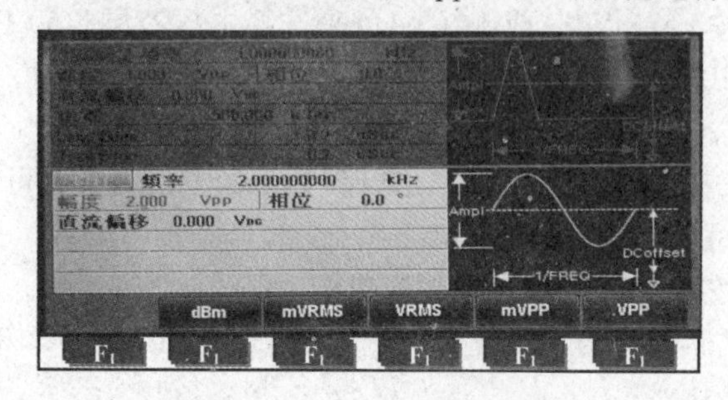

附图 1.3.4 信度的幅值设置

(4)信号输出

按 Output 键，可在输出接口上得到频率为 2 kHz、电压幅度为 2 Vpp 的正弦波信号。

附 1.3.2 GFG-8216A 功率数字信号发生器

(1)前面板简介

GFG-8216A 功率数字信号发生器的前面板如附图 1.3.5 所示。

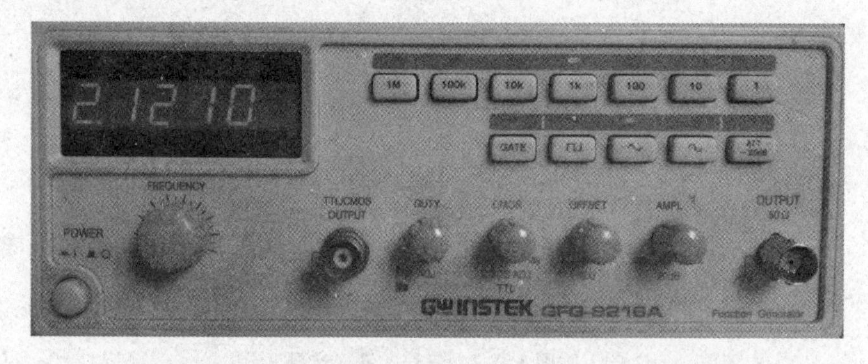

附图 1.3.5 GFG-8216A 功率数字信号发生器前面板结构

POWER 按钮：电源开关按钮。

显示屏：采用数码管 LED。

FREQUENCY 旋钮：频率细调旋钮。

频段按键：输出频率范围选择按键，按下后按键上方的指示灯亮。其频段分别为 1 Hz、10 Hz、100 Hz、1 kHz、10 kHz、100 kHz 和 1 MHz 共 7 个频段。

ATT/-20dB 按键：ATT 和衰减 20dB 选择键。

波形选择按键：

正弦波(~)按键：输出正弦波选择按键；

三角波(⋀⋁)按键：输出三角波选择按键；

方波(⊓⊔)按键：①输出方波选择按键；

②当 DUTY 旋钮伸出时，输出为矩形波，此钮可调脉冲宽度 Δ。

AMPL/-20dB 电压输出旋钮：旋钮按下时为正常输出电压幅值 AMPL 调节，旋钮拉出后为输出电压幅值被衰减 20dB。

OFFSET/ADJ 直流偏置调节旋钮：旋钮按下是关闭直流偏置，旋钮拔出是打开偏置，可以是输出信号的直流分量在-10 V～+10 V 之间调节后为 ADJ 调节。

CMOS/CMOS ADJ/TTL 旋钮：旋钮按下后输出为 TTL 波形，旋钮拔出后输出适用于驱动 CMOS 电路，幅值可在 5～15 V 之间调节。

DUTY/ADJ：旋钮按下调节上升沿斜率或者方波的“占”，旋钮拉拔出后可调下降沿斜率或者方波的“空”(矩形脉冲宽度)。

OUTPUT(50)接口：输出接口。

TTL CMOS OUTPUT 接口：输出 TTL、CMOS 接口。

(2)使用方法

① 打开开关(POWER)。

② 选择波形：按下所选波形的按键。

③ 选择频率范围：由第一排按键(1-1M)选定频率范围(1 Hz～1 MHz)。

④ 调节输出频率：通过调节频率调节旋钮(左侧第一大旋钮 FREQUENCY)至所需频率值。

⑤ 调节电压输出：调节(AMPL)旋钮顺时针调节输出电压增大，逆时针调节输出电压减小。

⑥ 调试后的信号从 OUTPUT 接口输出。

附 1.4　直流稳压电源

WYJ 3A 30 双路直流稳压稳流电源如附图 1.4.1 所示。

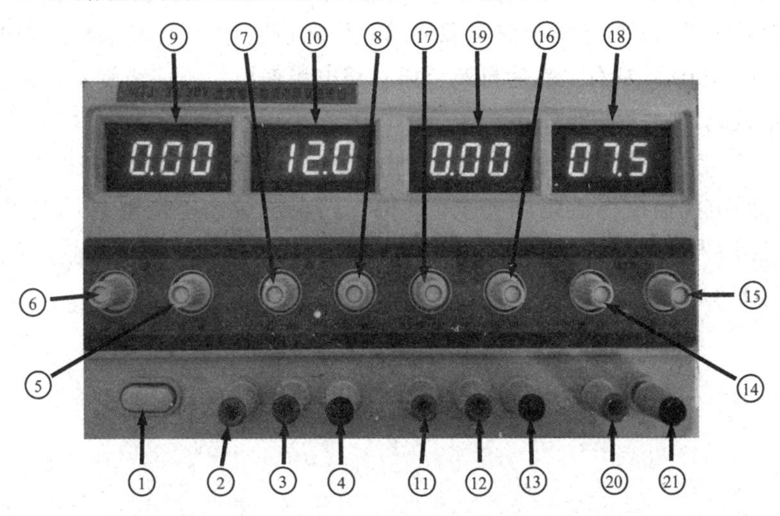

附图 1.4.1　WYJ 3A 30 双路直流稳压稳流电源

(1)前面板简介

① 电源开关。

② 第一路电源输出正极端。

③ 第一路电源输出接地端。

④ 第一路电源输出负极端。

⑤ 第一路电源输出稳流粗调旋钮。

⑥ 第一路电源输出稳流细调旋钮。

⑦ 第一路电源输出稳压细调旋钮。

⑧ 第一路电源输出稳压粗调旋钮。

⑨ 第一路电源输出电流值显示数码管。

⑩ 第一路电源输出电压值显示数码管。

⑪ 第二路电源输出正极端。

⑫ 第一路电源输出接地端。

⑬ 第二路电源输出负极端。

⑭ 第二路电源输出稳流细调旋钮。

⑮ 第二路电源输出稳流粗调旋钮。

⑯ 第二路电源输出稳压粗调旋钮。

⑰ 第二路电源输出稳压细调旋钮。

⑱ 第二路电源输出电流值显示数码管。

⑲ 第二路电源输出电压值显示数码管。

⑳ 5V 恒压电源输出端正极端。

㉑ 5V 恒压电源输出端负极端。

(2)应用实例

① 调节第一路稳压稳流电源，使之输出电压为 12 V，其具体调节方法为：

按下电源开关按键，调节第一路电源输出稳压粗调旋钮，使第一路电源输出电压值显示数码管显示值在 10 V 左右。然后再调节第一路电源输出稳压细调旋钮，使第一路电源输出电压值显示数码管显示值为 12 V。

② 调节第二路稳压稳流电源，使之输出电流为 1 A，其具体调节方法为：

调节第二路电源输出稳流粗调旋钮，使第二路电源输出电流值显示数码管显示值在 0. 9 A 左右；然后再调节第二路电源输出稳流细调旋钮，使第二路电源输出电流值显示数码管显示值为 1 A。

附录 2　集成电路基础知识

附 2.1　集成电路的命名及引脚识别

1. 集成电路的命名

国外不同的集成电路制造商对各自的产品都有自己的命名方法，使用的数字和符号都有特定含义。我国集成电路型号命名方法采用与国际接轨的准则，共由五部分组成，各部分所代表的含义见附表 2.1.1 所示，此表列出的是比较常用的集成电路型号的命名方法。

附表 2.1.1　国产半导体集成电路型号命名

第一部分		第二部分		第三部分		第四部分		第五部分	
用字母表示器件符合国家标准		用字母表示器件的类型		用数字表示器件的系列和品种代号		用字母表示器件的工作温度范围		用字母表示器件的封装	
符号	含义	符号	含义	符号	含义	符号	含义	符号	含义
C	国家标准	T	TTL	与国际接轨		C	0~70 ℃	W	陶瓷扁平
		H	HTL			G	-25~70 ℃	B	塑料扁平
		E	ECL			L	-25~85 ℃	F	全密封扁平
		C	COMS			E	-40~85 ℃	D	陶瓷双列直插
		F	线性放大器			R	-55~35 ℃	P	塑料直插
		D	音响、视频电路			M	-55~125 ℃	J	黑陶瓷直插
		W	稳压器					K	金属菱形
		J	接口电路					T	金属圆形
		B	非线性电路					H	黑瓷扁平
		M	存储器					S	塑料单列直插
		U	微型机电路					C	陶瓷双列直插
		AD	A/D 转换器						
		DA	D/A 转换器						
		SC	通信专用电路						
		SS	敏感电路						
		SF	复印机电路						

示例如附图 2.1.1 所示。

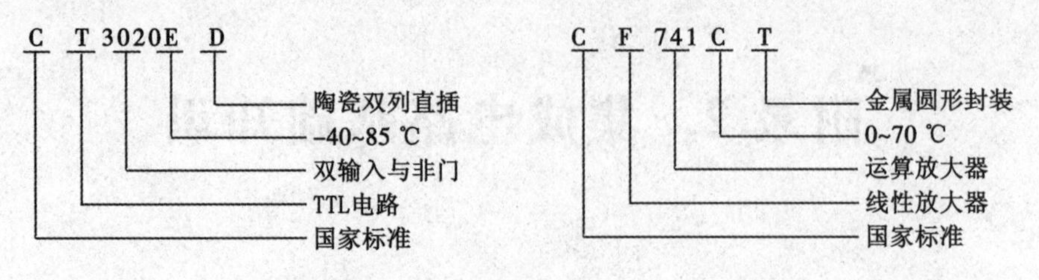

附图 2.1.1　集成电路的型号命名方法示例图

2. 集成电路的引脚识别

集成电路的封装样式有很多种，但它的引脚排列顺序是有规律的。集成电路的表面会有一个定位标记，该标记的样式有缺口形、凹坑形、色点形，或是斜面形等。一般情况下，识别管脚的方法就是将集成电路有字的一面朝向自己（字不能倒置），定位标记置于左侧，管脚朝前，定位标记正下面的管脚为“1”脚，然后按逆时针方向，依次为 2、3、4、5 脚……一直数到最后一个管脚，如附图 2.1.2 所示。

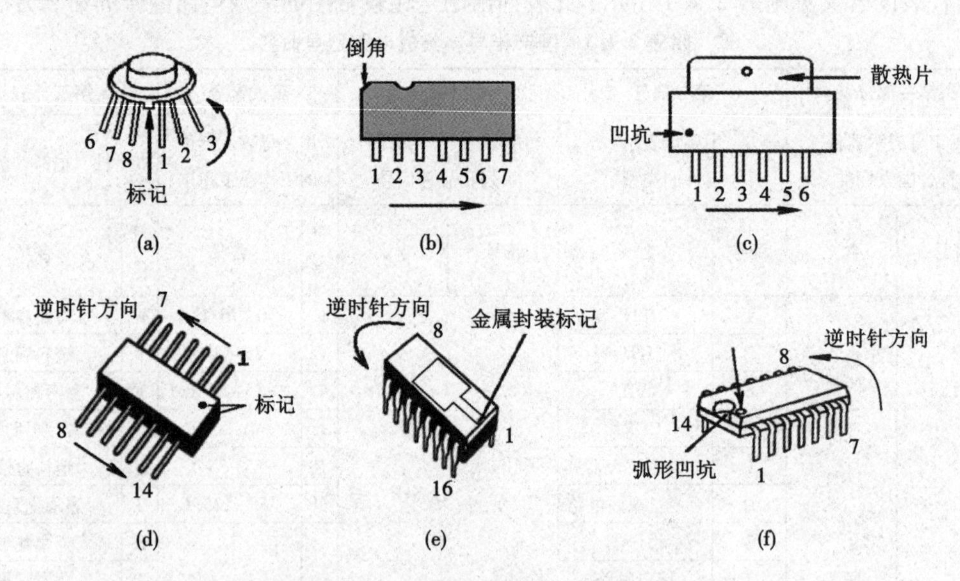

附图 2.1.2　常见的集成电路引脚识别方法

附 2.2　常用数字电路系列产品

1. 74 系列产品

（1）TTL 电路

TTL 数字逻辑电路是国际上通用的标准电路，其品种共分为如下六大类：

74××（标准型）；

74LS××(低功耗肖特基型);

74S××(肖特基型);

74ALS××(先进低功耗肖特基型);

74AS××(先进肖特基型);

74F××(高速型)。

这六类产品的逻辑功能和引脚编排完全相同。

(2)CMOS 电路

除上述 TTL 系列产品外,由于近年来 MOS 工艺技术的发展,又出现了 74 系列高速 CMOS 电路,该系列共分为下面三大类:

74HC××(为 CMOS 工作电平产品);

74HCT××(为 TTL 工作电平产品);

74HCU××(适用于无缓冲型的 CMOS 电路)。

2. 4000 系列产品

国际上通用的 CMOS 数字逻辑电路,主要有美国 RCA(美国无线电公司)最先开发的 CD4000 系列产品和美国摩托罗拉公司开发的 MC5000 系列产品。这两个系列的产品具有以下特点:

① 电源电压范围宽,3~20 V。

② 工作频率高,$f_{max}=5$ MHz。

③ 驱动能力强,输出电流达 1.5 mA。

④ 噪声容限高,抗干扰能力强。

⑤ 采用双列直插式塑料封装。

⑥ 可与国际上生产的同系列编号的产品互换。

为了适应电子技术的发展和开放形势的需要,一些元器件生产厂已完全按美国 RCA 公司考核标准生产 4000 系列产品,其品种代号和国际上的一致。

3. C000 系列产品

C000 系列产品是按原电子工业部标准生产的 CMOS 数字集成电路,它的指标略低于 4000 系列产品,其特点为:

① 电源电压范围,7~15 V。

② 最高工作频率,$f_{max}=2$ MHz。

③ 采用扁平 14、16 脚封装。

④ 工作温度范围较窄。

附 2.3 数字集成电路的性能参数

(1)一般直流参数

这类参数包括输入/输出电平的划分、电流、负载能力、对电源的要求及功耗等。

① 低电平的最大输入电压：为保证输入为低电平所允许的最高输入电压。

② 高电平的最小输入电压：为保证输入为高电平所允许的最小输入电压。

③ 低电平输入电流：当符合规定的低电平电压送入某一输入端时，流入该输入端电流。

④ 高电平输入电流：当符合规定的高电平电压送入某一输入端时，流入该输入端电流。

⑤ 最高输入电压：允许接到输入端的最高电压。

⑥ 低电平最高输出电压：输出仍可为低电平的最高电压，即输出低电平的上限电压。

⑦ 高电平最低输出电压：输出仍可为高电平的最低电压，即输出高电平的下限电压。

⑧ 最大低电平输出电流：输出为低电平时，输出端所能提供(吸入)的最大电流。

⑨ 最大高电平输出电流：输出为高电平时，输出端所能提供的最大电流。

⑩ 最高直流电压极限：接到器件电源端而不致损坏它的最高直流电压。

⑪ 输出负载能力：输出端的最大输出电流，与被选作参考负载的某一专门集成电路的输入电流之比，也就是输出端能驱动参考负载的数目，即扇出系数。

⑫ 最大功耗：在额定电源电压、最坏工作温度和50%工作周期的情况下，器件所消耗的最大功率。在多门单元中，功耗常由每个门功耗来确定。

(2)一般开关参数

这类参数用来说明逻辑元件的开关特性及输入、输出之间的关系和延迟特性。

输入、输出反相时的开关波形附图2.3.1所示。基本开关时间有3个：延迟时间、转换时间和传输时间，从这3个参数可引出其他开关参数。

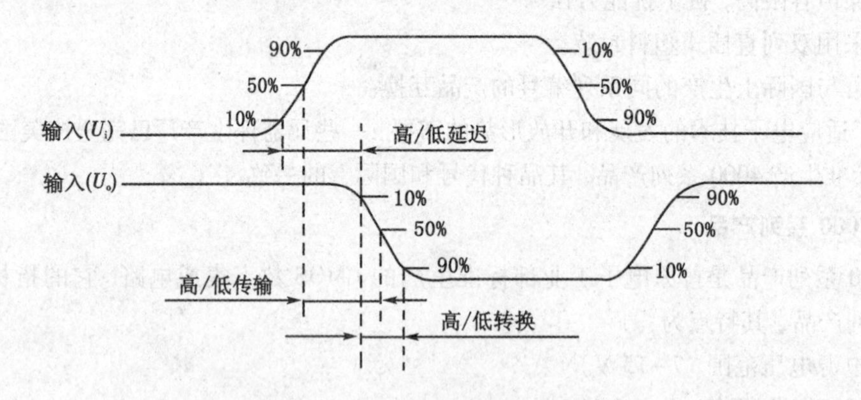

附图2.3.1　输入、输出反相时的开关波形

① 延迟时间：输入信号在幅度为10%和输出信号幅度为10%的瞬时时间间隔，叫作延迟时间。

② 转换时间：输出信号幅度由10%至90%的时间，有高/低和低/高两种转换时间。

③ 传输时间：输入信号幅度由50%到输出信号为50%的时间间隔，有高/低和低/高两种传输时间。

④ 导通时间：为高/低延迟时间和转换时间之和。

⑤ 截止时间：为低/高延迟时间和转换时间之和。

⑥ 平均开关时间：为导通时间和截止时间的平均值。

⑦ 平均传输延迟时间：为低/高和高/低传输时间的平均值。

(3)用于触发器的特殊开关参数

触发器除用一般开关参数描述外，还要用特殊开关参数描述。

① 最大时钟频率：在各种工作条件下都能保证正常工作的时钟最高重复频率。

② 最小时钟脉冲宽度：在各种工作条件下都能保证触发器正常工作的时钟脉冲的最小宽度。

③ 时钟脉冲最大上升和下降时间：为保证触发器正常工作所允许时钟脉冲的最大上升和下降时间。

④ 最小置位脉冲宽度：在各种工作条件下都能保证完成置位作用所需的置位脉冲最小持续时间。

(4)噪声参数

这类参数表示逻辑元件对来自电源、地线、信号线上干扰的灵敏度。

① 低电平抗扰度：由最大低电平输入电压和最小低电平输入电压之差确定。

② 高电平抗扰度：由最大高电平输入电压和最小高电平输入电压之差确定。

③ 噪声容限：由高、低电平抗扰度的平均值确定。

附 2.4　TTL 和 CMOS 器件的使用规则

1. TTL 器件的使用规则

(1)电源要求

TTL 电路对电源要求较严。电源电压 $U_{CC}=+5\ V\pm10\%$，超过这个范围将损坏器件或功能不正常。TTL 电路的功耗比较大，一般来说不适宜于用干电池或蓄电池供电，可使用稳定性好、内阻小的稳压电源，并要求有良好的接地系统。

TTL 器件的浪涌电流经电源和内阻将产生电压尖峰，这在电路系统中可能产生较大的干扰，因此必须在电源输入端接约 50 μF 的电容，以作低频滤波。每隔 5~10 个集成块应接一个 0.01~0.1 μF 的电容，作为高频滤波电容。在使用中规模和高速器件时，还应适当增加高频滤波电容。

(2)多余输入端处理

多余输入端不能悬空，应按逻辑要求接高电平或低电平，以免受干扰造成逻辑混乱，破坏电路的逻辑功能。

当电源电压在 5.5 V 以内时，多余的输入端接高电平时可直接接 U_{CC}，也可串入一只 1~10 kΩ 的电阻，或者接 2.4~2.5 V 的固定电压。

若前级驱动能力强，则可将多余输入端并联使用。

当输入端有接地电阻时，若器件通电，则必然有电流通过该电阻。若接地电阻 $R<680\ \Omega$ 时，则输入端相当于接低电平；若接地电阻 $R>4.7\ k\Omega$ 时，则输入端相当于接高电平。

(3)输出端连接

输出端不允许接+5 V 电源或地。对于 100 pF 以上的电容性负载，应串接几百欧姆的限流电阻，否则将导致器件损坏。

除集电极开路(OC)和三态(TS)电路外，输出端不允许并联使用，否则会造成逻辑混乱导致损坏器件。

2. CMOS 器件使用规则

(1)电源连接和选择

CMOS 器件的 U_{DD}端接电源的正极，U_{SS}端接电源的负极(地)，绝对不许接错，否则器件会因电流过大而损坏。

对于电源为+3～+18 V 的系列器件，例如 CD4000 系列器件，实验中 U_{DD}端通常接+5 V 电源。这样便于和 TTL 器件的电源一致。

(2)输入端处理

多余输入端不能悬空，应按逻辑要求接 U_{DD}或接 U_{SS}。以免受干扰造成逻辑混乱，甚至会损坏器件。

对于工作速度不高，而要求增加带负载能力时，可把输入端并联使用。

(3)输出端处理

输出端不允许直接接 U_{DD}或 U_{SS}，否则会导致器件损坏。

除三态(TS)器件外，不允许两个不同芯片器件的输出端并联使用。

(4)对输入信号 U_i 的要求

U_i 的高电平 $U_{ih}<U_{DD}$；U_i 的低电平 U_{il}<电路系统允许的低电平，否则会造成电路的逻辑功能不正常。

当器件 U_{DD}端未接通电源前，不允许信号输入，否则使输入端保护电路中的二极管损坏，影响器件的使用。

3. 常用数字集成电路性能比较

常用数字集成电路性能比较见附表 2. 4. 1

附表 2. 4. 1　常用数字集成电路性能比较

参数名称	类型					
	标准 TTL	LSTTL	ECL	CMOS	PMOS	NMOS
电源电压/V	+5	+5	−5. 2	+3～18	−20～24	+12，−5
每门平均延时/ns	10	5	2	50	100	100
每门平均功耗/mW	15	2	25	0. 01	5	0. 5
工作频率/MHz	35	50	200	2	0. 2	1
噪声容限/V	0. 4	0. 4	0. 15	电源的 40%	2	1
静态扇出	10	20	100	1000	20	10
输入高电平 MAX/V	2	2	−1. 105	电源的 60%	−3	5
输入低电平 MIN/V	0. 8	0. 8	−1. 475	电源的 40%	−9	0. 8
输出高电平 MAX/V	2. 4	2. 4	−0. 96	电源高端	−2	−6

表2.4.1(续)

参数名称	类型					
	标准TTL	LSTTL	ECL	CMOS	PMOS	NMOS
输出低电平 MIN/V	0.4	0.4	-1.65	电源低端	-12	0.45
高电平输入电流/mA	0.04	0.02	0.265	0.0001	0.001	0.01
低电平输入电流/mA	1.6	0.4	0.5	0.0001	0.001	0.01
高电平输出电流/mA	0.4	0.4	50	0.4	0.1	0.1
低电平输出电流/mA	16	8	50	0.7	0.1	0.3
高低抗干扰度/(V/V)	0.85/1.8		0.2/0.2	4.5/4.5	2.5/8.0	

附2.5 常用集成电路引脚及功能

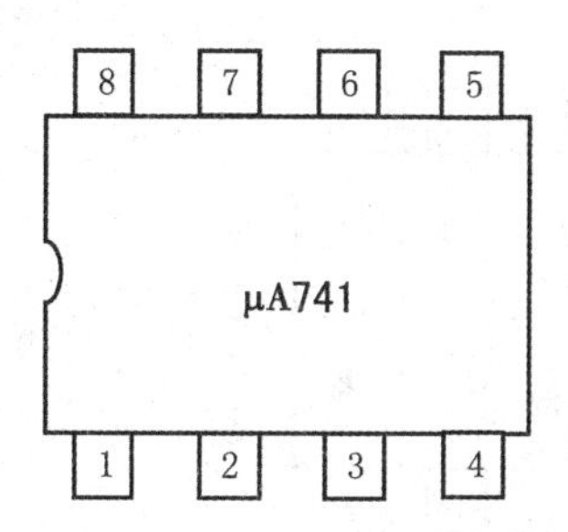

引脚	功能	引脚	功能
1	调零端	5	调零端
2	反相输入端	6	输出端
3	同相输入端	7	正电源端
4	负电源端	8	悬空

集成运算放大器 μA741 引脚排列及功能

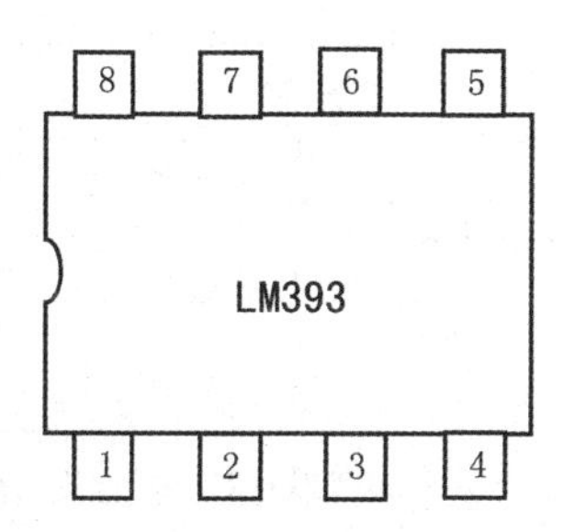

引脚	功能	引脚	功能
1	输出端	5	同相输入端
2	反相输入端	6	反相输入端
3	同相输入端	7	输出端
4	接地端	8	电源端

LM393 高精度双电压比较器

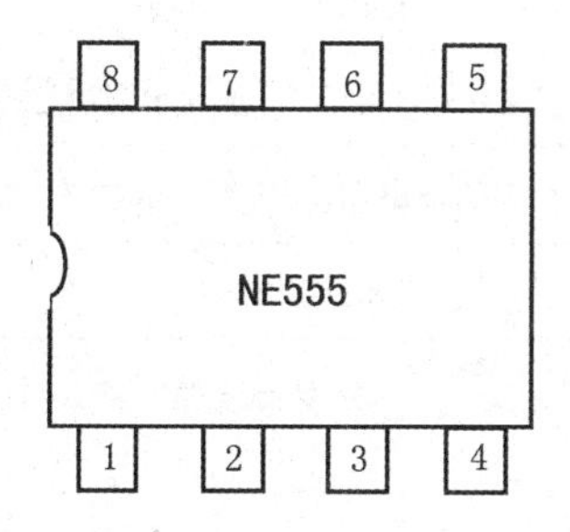

引脚	功能	引脚	功能
1	接地端	5	电压控制端
2	低电平触发端	6	高电平触发端
3	输出端	7	放电端
4	复位端	8	电源端

NE555 引脚排列及功能

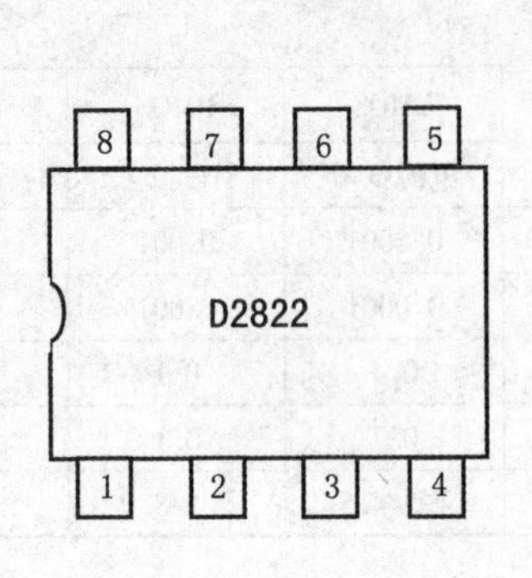

引脚	符号	功 能
1	OUT(1)	1 通道输出端
2	U_{CC}	电源端
3	OUT(2)	2 通道输出端
4	GND	接地端
5	IN-(2)	2 通道反相输出端
6	IN+(2)	2 通道同相输出端
7	IN+(1)	1 通道同相输出端
8	IN-(1)	1 通道反相输出端

D2822 双声道功率放大器引脚排列及功能

SC2262 通用编码无线发射模块：

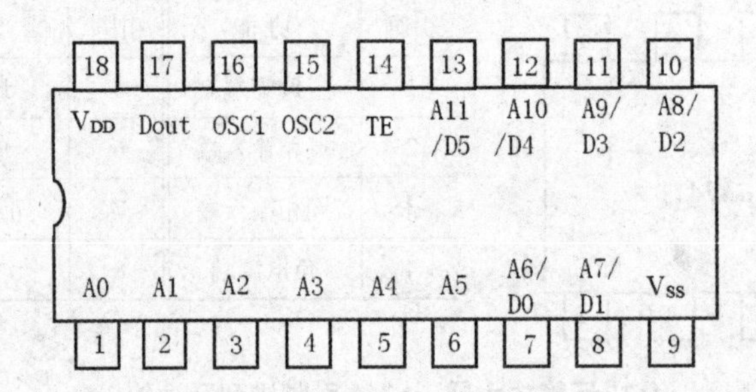

引脚	名称	说明	引脚	名称	说明
1	A0	地址端	10	A8/D2	地址端/数据端
2	A1	地址端	11	A9/D3	地址端/数据端
3	A2	地址端	12	A10/D4	地址端/数据端
4	A3	地址端	13	A11/D5	地址端/数据端
5	A4	地址端	14	TE	编码启动端，用于多数据的编码发射，低电平有效
6	A5	地址端	15	OSC2	振荡电阻输出端
7	A6/D0	地址端/数据端	16	OSC1	振荡电阻输入端，与 OSC2 所接电阻决定振荡频率
8	A7/D1	地址端/数据端	17	Dout	编码输出端(正常时为低电平)
9	V_{SS}	电源负端(-)	18	V_{DD}	电源正端(+)

注：地址输入端，用于进行地址编码，可置为“0”“1”“f”(悬空)；数据输入端，有一个为“1”即有编码发出，内部下拉。

SC2272 通用解码无线接收模块：

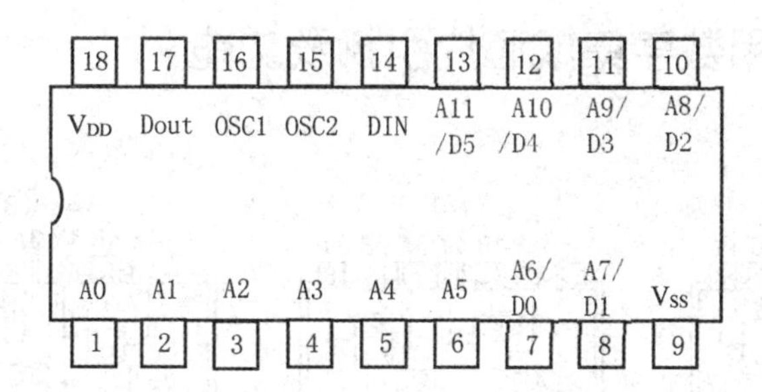

引脚	名称	说明	引脚	名称	说明
1	A0	地址端	10	A8/D2	地址端/数据端
2	A1	地址端	11	A9/D3	地址端/数据端
3	A2	地址端	12	A10/D4	地址端/数据端
4	A3	地址端	13	A11/D5	地址端/数据端
5	A4	地址端	14	DIN	数据信号输入端，来自接收模块输出端
6	A5	地址端	15	OSC2	振荡电阻输出端
7	A6/D0	地址端/数据端	16	OSC1	振荡电阻输入端，与 OSC2 所接电阻决定振荡频率
8	A7/D1	地址端/数据端	17	Dout	解码有效确认输出端(常低)解码有效变成高电平(瞬态)
9	V_{SS}	电源负端(-)	18	V_{DD}	电源正端(+)

注：(1)地址端，用于进行地址编码，可置为“0”“1”“f”(悬空)，必须与 2262 一致，否则不解码。

(2)地址或数据端，当作为数据管脚时，只有在地址码与 2262 一致，数据管脚才能输出与 2262 数据端对应的高电平，否则输出为低电平，锁存型只有在接收到下一数据才能转换。

附 2.6 常用数字集成芯片引脚及功能

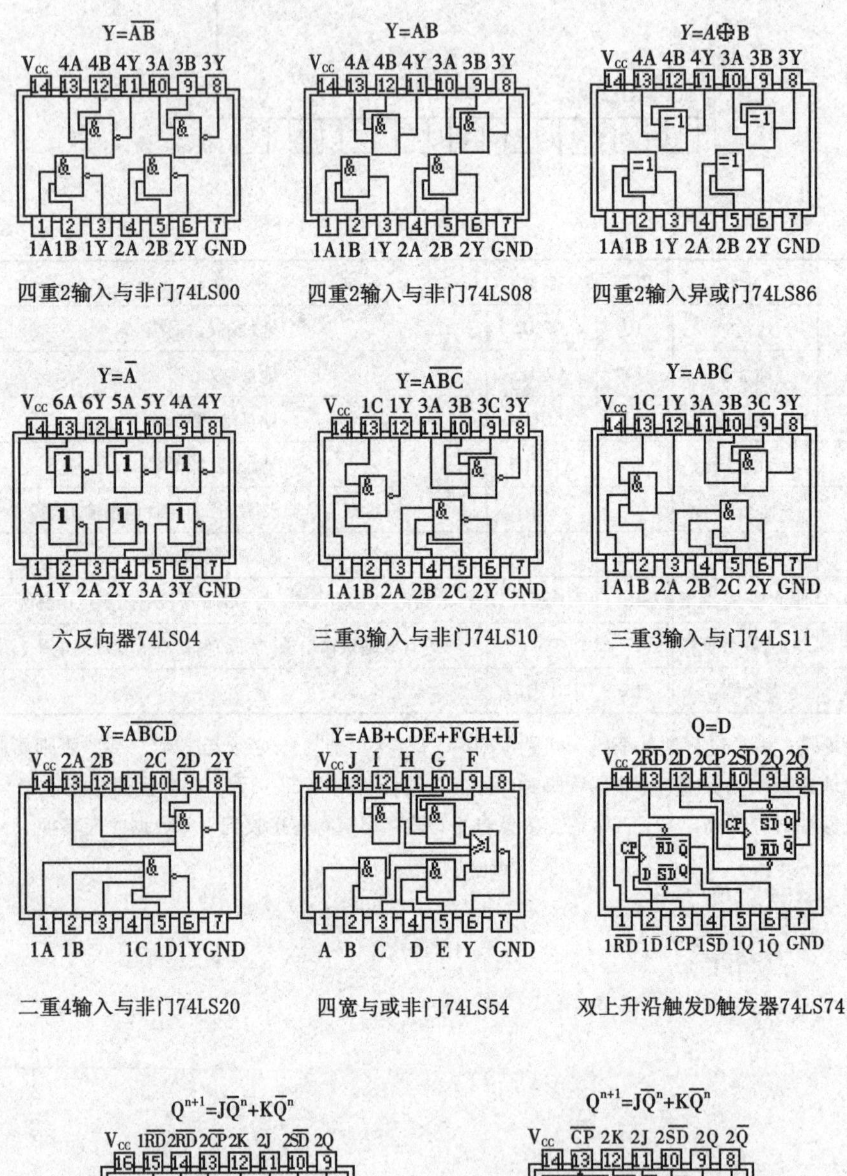

四重2输入与非门74LS00　　四重2输入与非门74LS08　　四重2输入异或门74LS86

六反向器74LS04　　三重3输入与非门74LS10　　三重3输入与门74LS11

二重4输入与非门74LS20　　四宽与或非门74LS54　　双上升沿触发D触发器74LS74

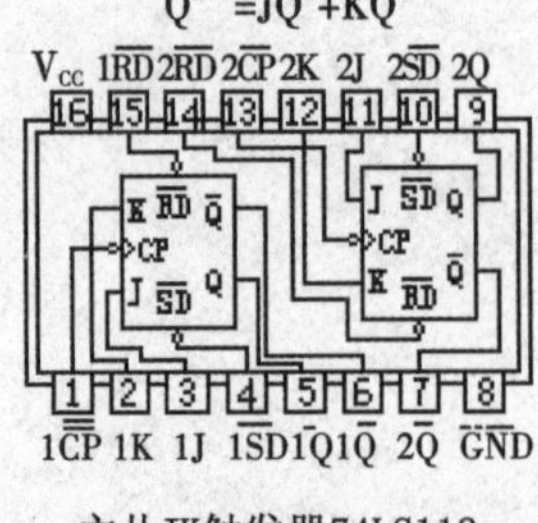

主从JK触发器74LS112

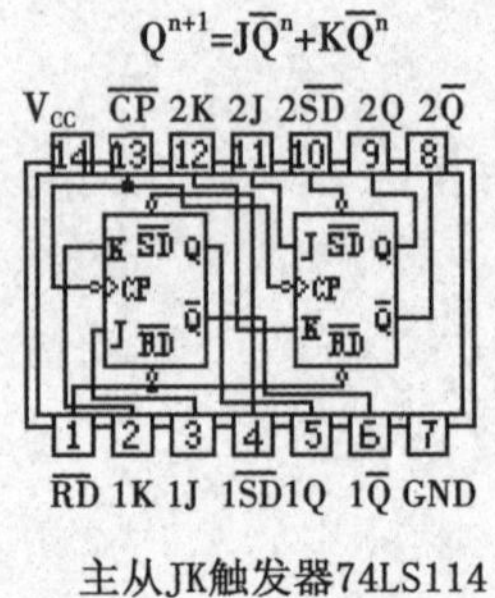

主从JK触发器74LS114

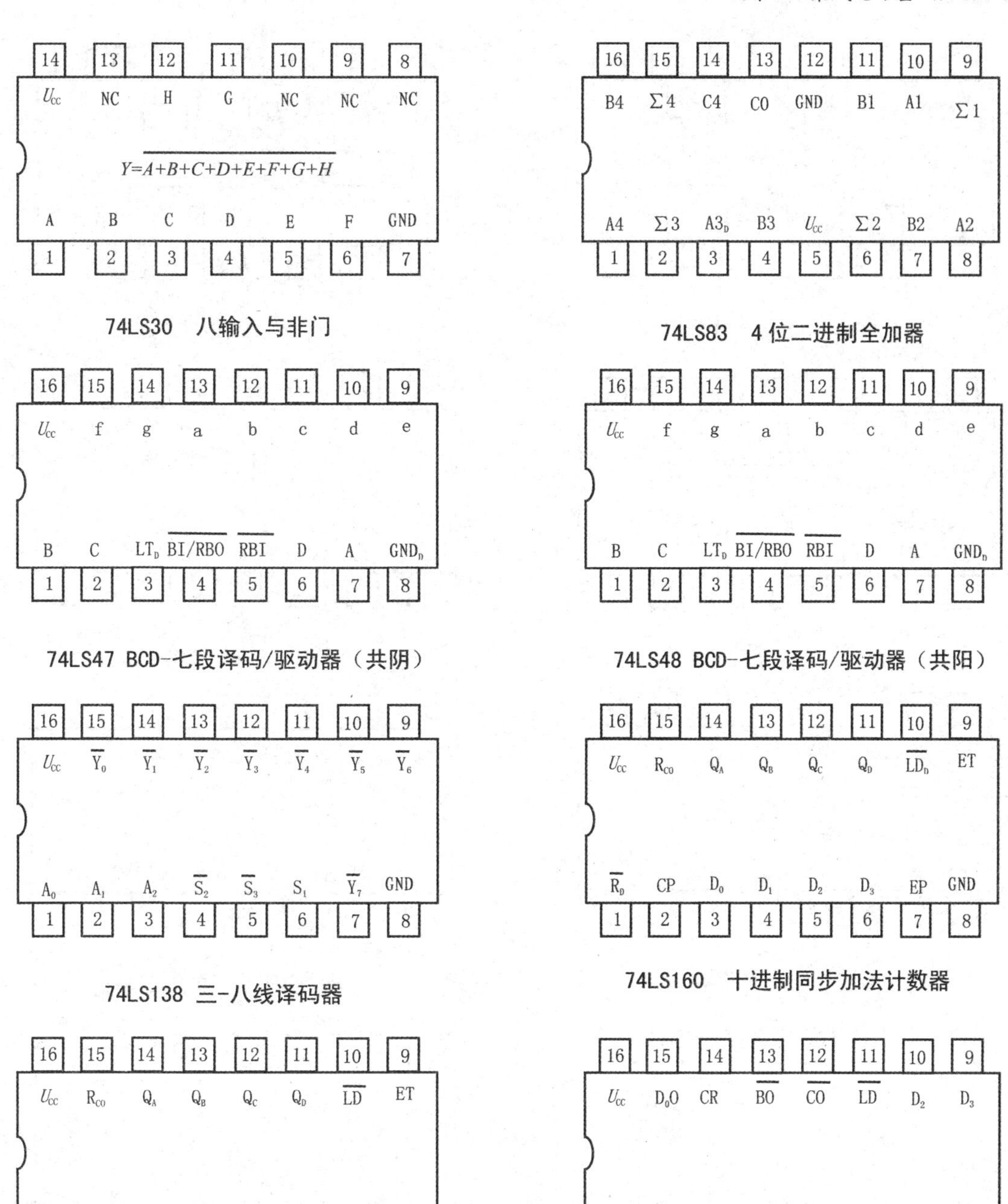

74LS30 八输入与非门

74LS83 4位二进制全加器

74LS47 BCD-七段译码/驱动器（共阴）

74LS48 BCD-七段译码/驱动器（共阳）

74LS138 三-八线译码器

74LS160 十进制同步加法计数器

74LS161 4位二进制同步加法计数器

74LS192 十进制同步加/减计数器

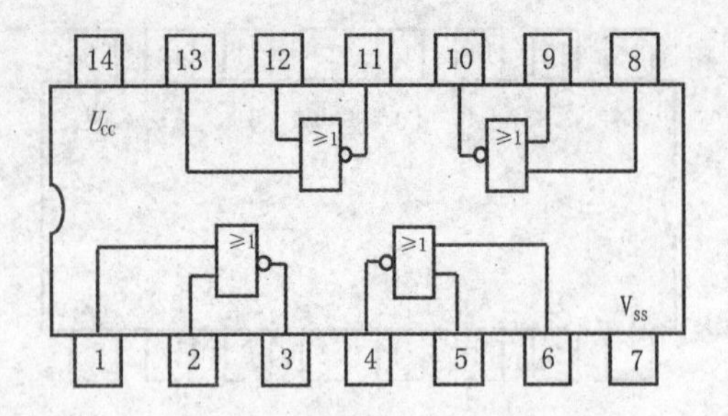

CD4001 四二输入或非门

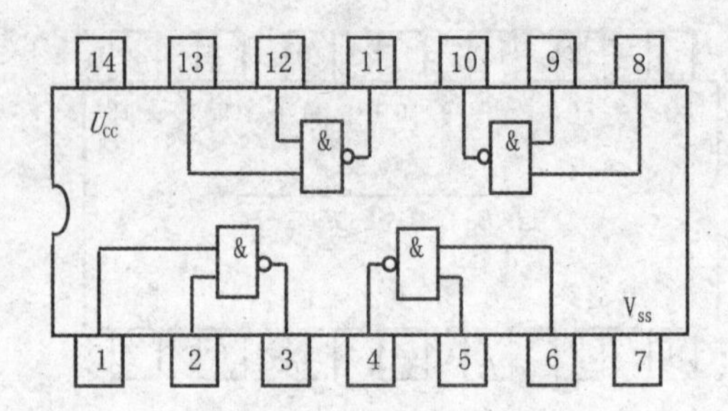

CD4011 四二输入与非门

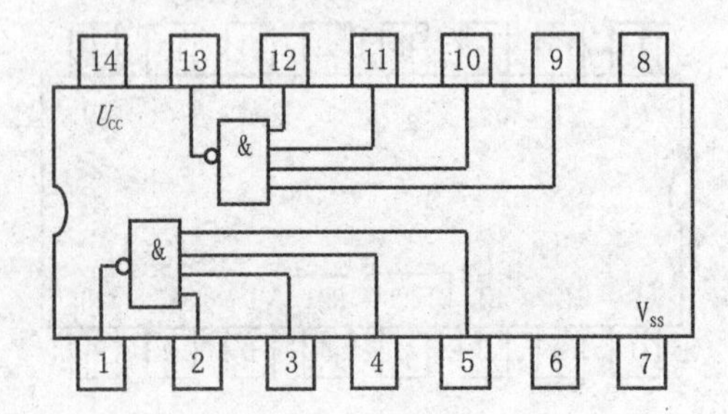

CD4012 双 4 输入与非门

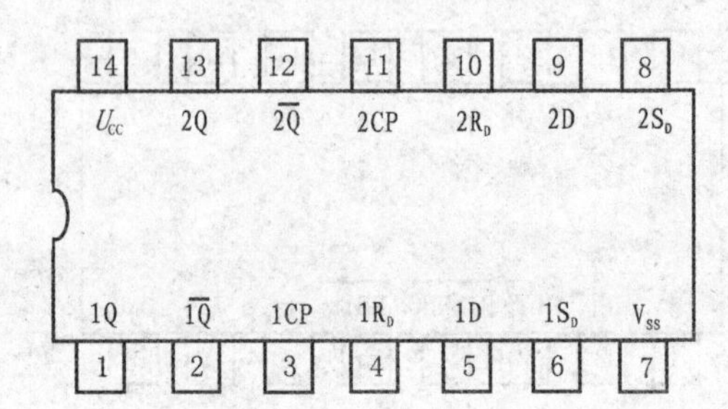

CD4013 双 D 触发器

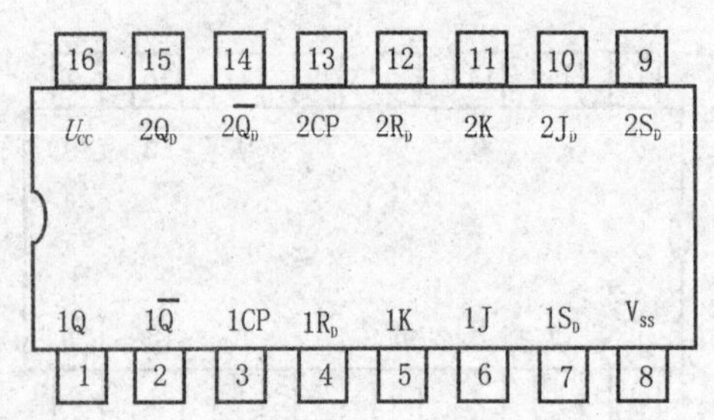

CD4027 双 JK 触发器

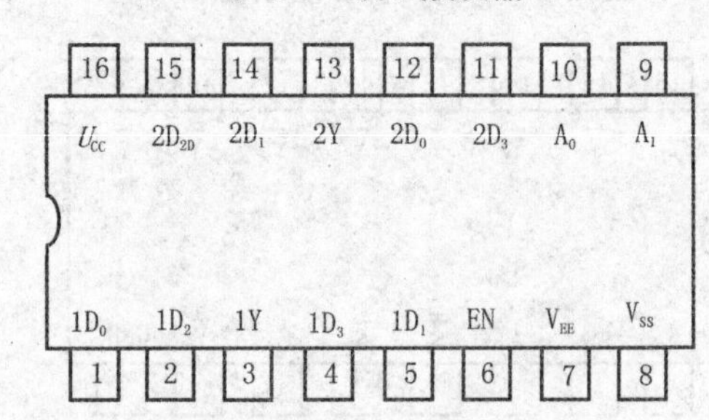

CD4052 双四选一数据选择器

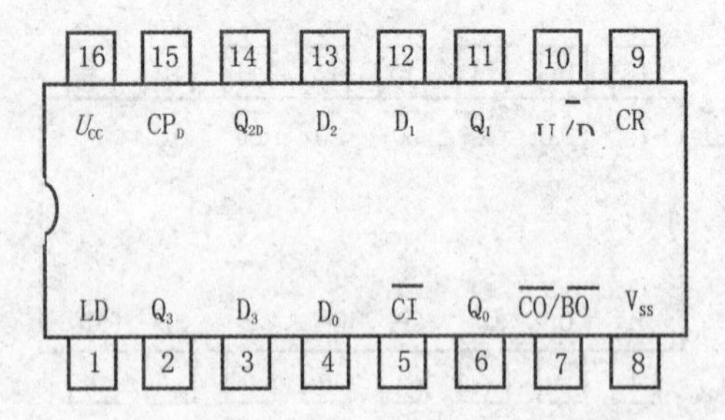

CD4510 双 JK 触发器

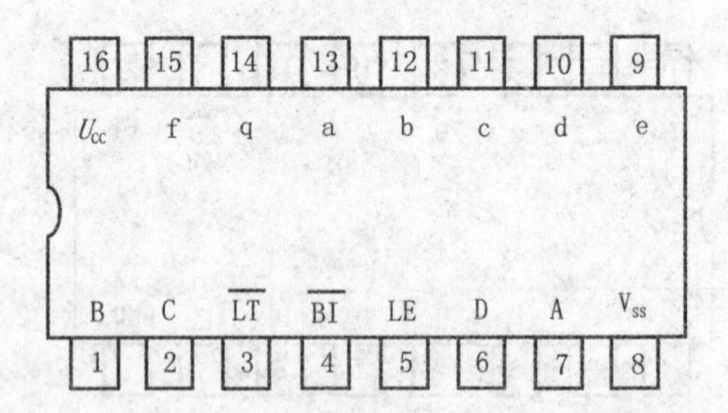

CD4511 BCD-7 段译码器(高电平输出)

实　训　报　告

二

实训课程：______________________

课程代码：______________________

姓　　名：______________________

班　　级：______________________

学　　号：______________________

学　　期：20(　　)—20(　　)(　　)

沈　阳　理　工　大　学

20　　年　　月

实训项目：

1.

2.

3.

4.

实训目的：

1.

2.

3.

实训材料、仪器及器件：

1.

2.

3.

实训步骤(可以加页):

1. 元器件的识别检测及选用(附图):

2. 焊接操作的实施(附图):

3. 电子产品的电路图及工作原理：

4. 电子产品核心器件的作用及其引脚结构图：

5. 电子产品制作安装及注意事项：

电子产品的调试及结果：

测试题：

1. 电子产品通电测试过程中，需要注意哪些问题？

2. 列举三个以上不同电路功能部分的典型故障现象及解决方法：

3. 设计并绘制一个电子产品功能电路部分的印制板图，并说明印制板设计思路：

实训总结：

实　训　报　告

一

实训课程：________________

课程代码：________________

姓　　名：________________

班　　级：________________

学　　号：________________

学　　期：20(　　)—20(　　)(　　)

沈　阳　理　工　大　学

20　　年　　月

实训项目：

1.

2.

3.

4.

实训目的：

1.

2.

3.

实训材料、仪器及器件：

1.

2.

3.

实训步骤(可以加页)：

1. 元器件的识别检测及选用：焊接技术的实施：

2. 电子产品的电路图及工作原理：

3. 电子产品核心器件的作用及其引脚结构图：